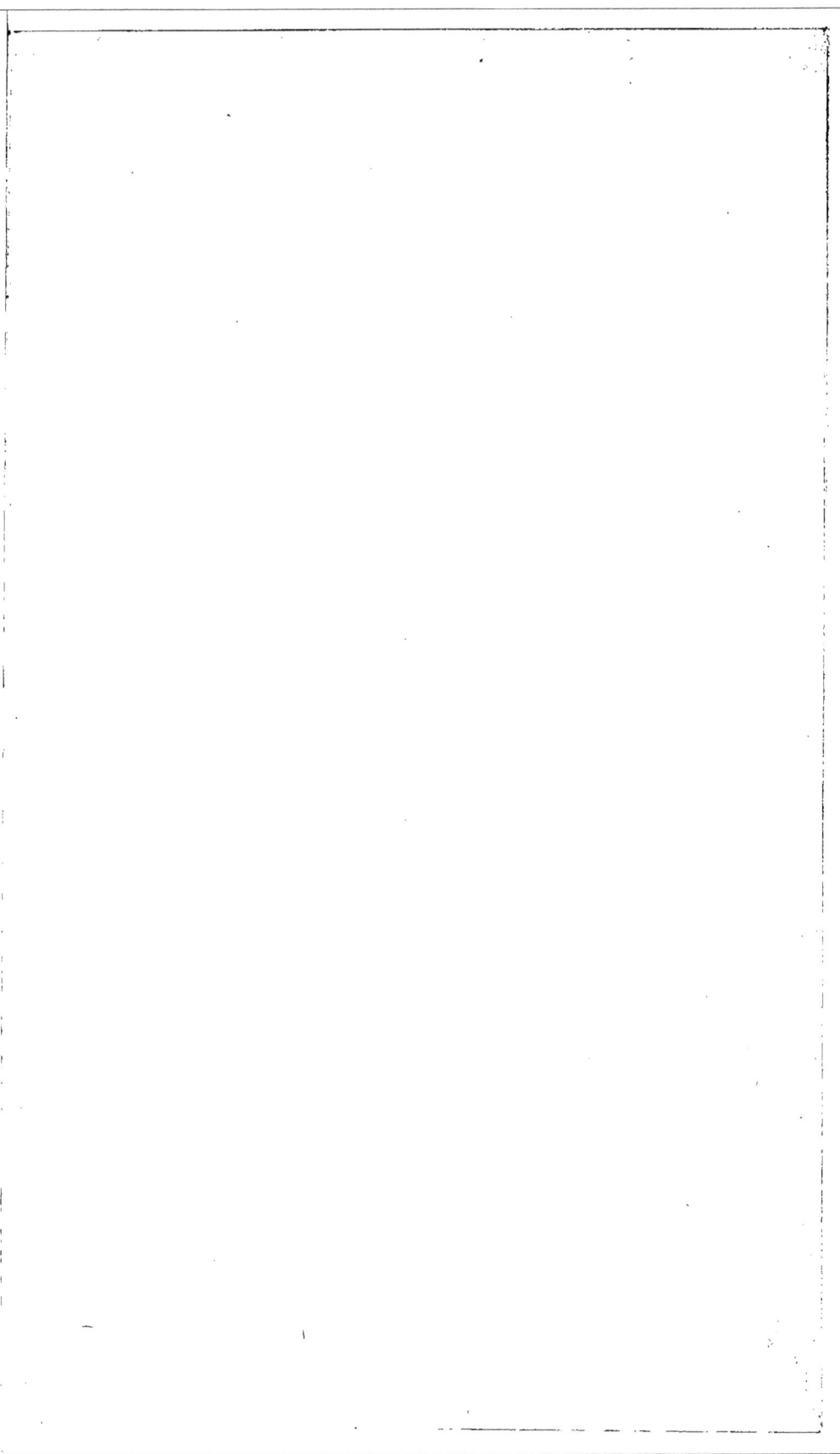

27766

ESSAI

SUR L'ÉTAT PRÉSENT

DE L'AGRICULTURE

ET DU BÉTAIL

DANS LES PRINCIPALES CONTRÉES

DE L'EUROPE.

Mélanges de zootechnie, de bibliographie et de statistique.

PAR A. GOBIN.

EXTRAIT DES ANNALES DE L'AGRICULTURE FRANÇAISE.

PARIS,
IMPRIMERIE ET LIBRAIRIE D'AGRICULTURE ET D'HORTICULTURE
DE Mme Ve BOUCHARD-HUZARD,
RUE DE L'ÉPERON, 5.

1859

C.

EXPOSITION AGRICOLE UNIVERSELLE.

ZOOTECHNIE.

NOTES SUR L'ÉLEVAGE DU BÉTAIL
DE L'EMPIRE D'AUTRICHE.

A l'occasion de l'exposition agricole universelle qui vient
de finir, le gouvernement autrichien a fait publier, en France,
une notice, aussi curieuse qu'importante, sur les diverses
races de bestiaux qui peuplent son empire et le mode d'élevage auquel elles sont soumises. Nous y trouvons des renseignements nouveaux sur des races indigènes et jusqu'ici in-
connues, leur éducation, leur engraissement, leur économie
en un mot. Nous allons chercher à résumer, en les coordon-
nant, les faits les plus saillants qui ressortent de ce travail.

Espèce bovine. — On considère en Autriche, et avec ap-
parence de raison, la race *hongroise* comme la race mère de
l'espèce bovine, dont les vestiges les plus distincts se retrou-
vent encore dans la race blanche des highlands (type sauvage
blanc des forêts d'Angleterre) et dans celle de la campagne
romaine. Comme descendance de cette race originelle, nous
trouvons la race *podolienne*, souvent décrite, puis celle de
Mürzthal (Styrie), de pelage gris blaireau, apte à la graisse
et surtout au lait : elle ressemble sensiblement à la race allemande de l'Allgau ; la race de *Mariahof* (Styrie), de pelage
gris, pie-rouge ou blanc, à cornes plus courtes que la précé-

dente, plus haute sur jambes, moins laitière et moins décidée à l'engraissement ; la race de l'*Oberinnthall* (Tyrol), grise ou jaunâtre, haute sur jambes, précoce, apte au lait et à la graisse ; la race *styrienne*, blanc jaunâtre, race de montagnes, plus petite, haute sur jambes, sobre, mais difficile sur la qualité du fourrage, donnant à la fois de la graisse et du lait ; la race de *Bohême*, petite, variant du rouge clair au jaune, rustique, peu laitière et médiocre à l'étable ; enfin la race *silésienne* ou *morave*, presque disparue sous les croisements.

Au type schwitz, nous rapporterons la race de *Montafone* (Vorarlberg-Tyrol) probablement issue du Schwitz et de l'Allgau, bai brun, apte à la graisse et surtout au lait, mais de taille petite ; la race d'*Eger* ou du *Voigtland*, rouge brun foncé, de taille moyenne, race mixte de laiterie et de travail.

Le type bernois a produit la race de *Pinzgau* (Salzbourg), rouge brun, avec de longues raies blanches sur le dos et les reins, le ventre également blanc, médiocre laitière, mais très-apte à prendre la graisse ; la race de *Pongau* ou de *Rauris* (Salzbourg), qui n'est autre que la précédente, mais plus petite encore ; la race de *Zillerthall* (Tyrol), de pelage rouge brun zain, avec le devant enfumé, taille moyenne, formes assez rondes, médiocre laitière, mais d'un facile engraissement : la race de *Brüx* (Bohême) résulte du croisement du zillerthall avec la race indigène ; elle est précieuse pour le travail et a conservé la disposition à prendre la graisse : la race de *Düx* (Tyrol), de pelage noir, de taille petite, assez bonne laitière, mais peu estimée à l'étable ; la race d'*Immendorf*, formée au commencement de ce siècle, dans la basse Autriche, par le croisement des races de Mürzthall et de Berne, d'assez grande taille, de formes assez régulières, moyennement laitière, mais ayant de la disposition à engraisser ; la race *pie de Wels*, pie-noire, de formes minces et resserrées, assez bonne laitière, rustique, mais mauvaise à l'étable ; la race *pie de l'Innthalerschecken*, semblable à la précédente, mais plus grande, plus étoffée, plus médiocre laitière.

Enfin le travail que nous analysons rapporte à la vieille race rouge de l'Allemagne (probablement celle franconienne ou du Rhoene) la race de *Gfoehl* (haute Autriche), petite, à pelage jaune vif clair, excellente laitière et précieuse pour le trait : sa viande est estimée ; la race de *Helm* (basse Autriche), à tête blanche avec la robe rouge brun, jaune clair ou gris blaireau, de taille moyenne. Les vaches sont assez bonnes laitières et les bœufs sont employés au trait.

En Autriche comme partout où commence l'amélioration du bétail, on rencontre une foule de sous-races obtenues par croisements ; telles sont celles de *Breitenfürth*, de *Neulengbach*, de *Stockerau*, sorties du croisement du mürzthall avec la race indigène de la basse Autriche ; celle de *Mondsee*, créée par l'union des races de Pinzgau et de Schwitz ; celle d'*Opotschna*, formée du croisement des races de Bohême et de Mürzthall ; celle de *Stadl*, originaire des montagnes du palatinat, importée en Bohême en 1830 ; celle de *Tell* (Bohême), à la fois apte au trait et à la graisse.

En lisant les notes sur le bétail de l'Autriche, on remarque promptement que les connaissances zootechniques y sont peu avancées ; on y cherche le progrès, on ne suit pas une marche assurée, on tâtonne encore. Le concours agricole universel devra influer favorablement sur l'esprit des grands propriétaires de ce vaste empire. Les croisements pour la boucherie avec les races anglaises spéciales n'ont point encore pénétré en Autriche, où ils devraient réussir avec certaines races et dans certaines circonstances. On consomme beaucoup de laitage, comme dans toute l'Allemagne, et les bœufs sont employés au trait. Plusieurs contrées sont assez riches, surtout dans la basse Autriche, et la race indigène y est assez bien conformée pour qu'on y tente, avec espoir de réussite, la production de la viande de croisement durham. Les races de laiterie peuvent être aussi sensiblement améliorées par le croisement schwitz ou hollandais, concurremment avec les modifications au régime.

Espèce ovine. — L'Autriche, qui contient quatorze millions de têtes de bêtes à cornes environ, renferme, en outre, vingt-quatre millions de bêtes à laine. Les mérinos, introduits en Hongrie par Marie-Thérèse vers 1773, se sont, de là, rapidement répandus dans le reste de l'empire. Quelques troupeaux se sont conservés purs, d'autres ont reçu des croisements. Les reproducteurs mérinos sont tirés tantôt de l'Espagne ou de la Saxe, tantôt de France (Rambouillet). Etudions d'abord les races indigènes.

Le *mouton hongrois* (ovis strepsiceros), qu'on rencontre en Hongrie et surtout en Transylvanie, est sobre, rustique, supporte bien l'humidité et les saisons, s'engraisse facilement et produit de bonne viande. Les femelles sont bonnes laitières et produisent souvent deux agneaux. Leur laine est grossière, mais recherchée pour fabriquer des couvertures et de grosses étoffes. De leur lait on fabrique un fromage estimé. Les cornes sont longues, relevées en haut et en spirale; la taille est élevée, et la laine pend souvent jusqu'à terre. Le *mouton valaque*, qu'on rencontre dans les mêmes contrées, est indubitablement issu du précédent, mais infiniment plus petit. La femelle manque de cornes. La laine est plus courte, plus épaisse et un peu moins grossière. Le *mouton de Zakel* ou des *Carpathes* a la laine longue et grossière aussi; il est plus petit que le mouton hongrois, mais aussi rustique et aussi disposé à fournir de la viande. Le *mouton de Galicie* est de grande taille, couvert d'une laine abondante, longue et grossière; depuis longtemps on le croise avantageusement avec le mérinos.

Espèce porcine. — L'Autriche possède aussi quatre races particulières de porcs; ce sont : la *race mangalicza*, qui présente trois variétés que l'on rencontre ensemble dans la Hongrie : la grande, de couleur jaune, a les soies crépues, le corps allongé, les jambes courtes et les oreilles pendantes; la petite a les oreilles courtes et dressées, le corps ramassé, et s'engraisse de même très-facilement; la noire ne diffère de la grande que par la couleur : la *race de Szalonta* (Hongrie), plus grande que les précédentes, est jaune foncé, longue,

(5)

efflanquée, difficile à engraisser, mais recherchée pour sa viande ; la *race de Lemberg* (Galicie), blanche, à soies rudes et épaisses, d'un engraissement assez prompt. La *race de Bohême*, descendue de celle de Podolie, présente deux variétés : l'une, très-haute sur jambes, longue et mince, peu féconde, dure à prendre la graisse ; l'autre, mieux conformée, plus basse et plus large, fournissant une excellente viande et de bon lard, s'alliant fort bien avec les essex noirs et surtout avec la race nue du Yorkshire.

Économie du bétail. — Nous extrairons de ce travail quelques renseignements qui nous feront mieux apprécier l'économie du bétail dans la contrée qui nous occupe.

Espèce bovine. — On attelle généralement les bœufs au joug de trois à neuf ans ; après quoi, on les engraisse. Dans certains districts de la Moravie et de la Silésie, on attelle même les vaches. C'est à l'espèce bovine que sont, en grande partie, dévolus les travaux de la culture et même du roulage.

L'élevage des veaux se fait, en Styrie, au lait pur pendant les six ou huit premières semaines (allaitement naturel) ; puis, du sevrage à un an, ils sont nourris de bon foin, de son ou d'Avoine concassée ; on les met ensuite au pâturage. Généralement, ils sont sevrés de cinq à six semaines et envoyés au pâturage. On élève surtout dans les contrées voisines des Alpes, le Salzbourg, la Styrie, la Carinthie, le Tyrol, et dans quelques vallées. Dans les Alpes, le pâturage dure, en moyenne, trois mois chaque année.

La laiterie est une des principales spéculations, et l'on rencontre, en Galicie, des vacheries de lait et d'élevage formées de cinq à six cents têtes. On peut ranger ainsi les races autrichiennes comme laitières : Helm, 2,800 litres par an, en moyenne ; — Mürzthall, 2,000 ; — Neulengbach, 1,800 litres ; — Immendorf, 1,750 litres ; — Eger, 1,588 litres. On calcule, en moyenne, qu'il faut, dans les pâturages des Alpes, 2 hectares 11 pour nourrir une vache pendant les douze semaines de la belle saison. Il faut, en moyenne, dans le Salz-

bourg, 100 litres de lait pour produire 4^k,300 de beurre.
On fabrique aussi des fromages gras et maigres; 1,015 litres
de lait non écrémé donnent 100 kilog. de fromage gras, et
1,188 litres de lait écrémé produisent 100 kilog. de fromage
maigre dit de Radstadt. Une partie du laitage est consommée
en nature, et une certaine quantité de beurre est fondue.
C'est surtout dans le Salzbourg, le Tyrol, la Styrie et la basse
Autriche que la production du lait tient une place importante comme spéculation.

L'engraissement occupe une assez large place dans l'économie de ce bétail; mais nous sommes, en France, au moins
aussi avancés sous ce rapport. Les races autrichiennes sont
moins précoces, moins bien conformées, d'une aptitude
moins décidée à la graisse que la plupart des nôtres; ensuite ils
s'entendent moins bien, croyons-nous, à diriger et adminis-
trer le régime. Avec la race de Mürzthall, l'une de leurs meilleures, ils estiment qu'il faut 30^k,240 de foin pour produire
1 kilog. de viande et graisse, et nous dépassons souvent ce
résultat avec la plupart de nos races un peu améliorées.
Leur engraissement n'est jamais poussé bien loin, et il faut
entendre leurs rendements en viande de 60 à 65 pour 100
du poids vif, plus 15 à 25 pour 100 de suif, après avoir
ajouté que le poids vif n'est constaté qu'à l'arrivée d'un long
voyage fait à pied. On engraisse surtout dans la Styrie, la
Carinthie, le Salzbourg, le Tyrol, la Hongrie, la basse Autriche, la Silésie et la Galicie; ce dernier gouvernement
seul livre, chaque année, vingt mille bœufs à la boucherie.
Les renseignements sur le régime sont peu nombreux. Dans
la Moravie et la Silésie, c'est surtout dans les brasseries et les
distilleries qu'on engraisse au moyen des résidus de fabrique, auxquels on ajoute de la paille hachée, du foin, du Blé
concassé et du sel. L'engraissement dure, en moyenne, trois
mois, et on considère qu'un animal doit augmenter de 19 kil.
de viande et suif par 100 kilog. de poids vif avant la mise à
l'étable.

Les veaux, après un allaitement de deux à trois semaines,

sont vendus aux bouchers; ce n'est qu'aux environs des grandes villes qu'on leur donne un engraissement un peu plus complet.

L'espèce ovine présente, en Autriche, presque autant d'intérêt que le bétail à cornes; elle produit annuellement 22 millions de kilog. de laine, dont plus du tiers provient de mérinos purs et de métis mérinos: on y rencontre d'immenses troupeaux. Ainsi, en Hongrie, le prince Paul Esterhazy et le baron Sina produisent annuellement, chacun, 140,000 kilog. de laine mérinos; en Galicie, le comte Alfred Potocki possède 11,000 têtes. Les mérinos et leurs croisements sont entretenus par les grands et riches propriétaires, qui non-seulement produisent des laines extra-fines et fines, mais encore améliorent la toison sous le rapport de la quantité produite. Les fermiers et les paysans se bornent à l'entretien des races locales, Hongrie, Zakel, etc.; on compte qu'il faut un berger pour quatre cents têtes. La Hongrie, la Galicie, la Moravie, la Silésie et la Bohême produisent surtout des laines fines; la Styrie, le Salzbourg, le Tyrol, la Transylvanie, la haute et la basse Autriche ne produisent que des laines communes et un peu demi-fines. Mais le lait des brebis forme une spéculation importante. En Galicie, une brebis de race commune donne environ $14^k,200$ de fromage, étant traite pendant trois mois et demi de la belle saison, après le sevrage des agneaux. En Transylvanie, on n'obtient que $8^k,400$ à $8^k,900$. La ration des animaux est ainsi calculée en Hongrie : pour les moutons mérinos, $3^k,500$ de foin pour 100 du poids vif, et $3^k,666$ pour les brebis portières de même race. Les races communes produisent, en laine non lavée, de $1^k,960$ à $2^k,240$ par tête; les mérinos purs, de $0^k,630$ à $0^k,750$, et les negretti $0^k,280$. L'engraissement se pratique, en général, comme moyen de réforme, mais surtout en Galicie, sur les pâturages des Carpathes. On leur donne, par jour, 5 à 6 grammes de sel mélangé avec de l'Avoine concassée. En Moravie, on engraisse aussi des moutons de réforme et des brebis stériles de la race zakel, à la bergerie, avec du foin, des Pommes de terre, des Navets et des résidus de fabrication ; l'agnelage se fait généralement pendant l'été.

L'espèce porcine compte environ neuf millions de têtes. L'exploitation de Kis-Jenoc, appartenant à l'archiduc Étienne, possède dans sa porcherie près de quatre mille têtes de race serve dite de Milosch. C'est surtout en Hongrie et en Galicie (Lemberg) qu'on entretient les bêtes porcines, que souvent on n'engraisse qu'à moitié, afin de les faire voyager pour l'exportation. On commence, surtout en Bohême, à améliorer par les races anglaises essex et yorkshire. Ces métis profitent rapidement et donnent de meilleurs résultats à l'abatage. Ces faits ressortent d'un tableau qui termine le travail que nous venons d'analyser.

Les notes sur l'élevage du bétail de l'empire d'Autriche sont dues à MM. le docteur Hlubek, la Société agronomique de Salzbourg, Korizmies, la Société agronomique de Klausenbourg, le docteur Fuchs, Laner, Assenbaum, Ossumbor et Lambl, sous la direction de M. Arenstein. L'exécution a été pressée, ce qui explique pourquoi le travail manque d'ensemble, pourquoi il est incomplet, renferme des redites et des erreurs. C'est, nonobstant, un aperçu utile sur cette contrée allemande, et il eût été fort à souhaiter que chaque nation étrangère eût publié un semblable commentaire sur les races qu'elle envoyait à notre exposition universelle agricole.

ÉTAT DE L'AGRICULTURE EN AUTRICHE.

Le bétail de l'Autriche se trouve ainsi composé, d'après les documents officiels les plus récents :

Espèce chevaline. . . . . . . 3,500,000 têtes,
Espèce bovine. 14,616,000
Bêtes à laine. 24,400,000

Ou, en réduisant en têtes de gros bétail, l'équivalent de

20,556,000 têtes; et, comme la superficie de l'empire est de
65,000,000 hectares, dont 40,000,000 cultivés, c'est une
proportion de 31 têtes 630 par 100 hectares de superficie
et de 51 têtes 390 pour 100 hectares cultivés. Le poids
moyen du bétail pouvant être évalué à 400 kilog. vif, c'est,
par hectare cultivé, 205 kilog. de poids vif entretenu. L'Autriche nourrit donc environ 8,228,400,000 kilog. de poids
vif sur son territoire, soit 126^k,400 par hectare de la superficie totale. Nous verrons, plus tard, que cet empire, au moyen
de son système pastoral, entretient à peu près la même
proportion de bétail, eu égard à la superficie cultivée.

L'Autriche se trouve placée dans la zone des pâturages
d'automne et de printemps; les Alpes fournissent, aux contrées qui les avoisinent (Tyrol, Illyrie, Salzbourg, etc.), de succulents pâturages pendant l'été. La température estivale et
hyémale est plus extrême qu'en France; le printemps y est
également plus humide, mais l'hiver y est plus sec.

Le territoire n'est pas très-accidenté, si l'on en excepte le
Tyrol, une partie du royaume lombardo-vénitien, toute la
ceinture de la Bohême, la Transylvanie et les frontières nord
de la Hongrie, traversées ou côtoyées par les Alpes Rhéti-
ques, Noriques, Juliennes, et toute la chaîne des Carpathes.
Le sol n'est pas non plus très-varié; il est, en général, argilo-
siliceux. La Bohême appartient aux sols sableux; on rencontre des alluvions argileuses sur les bords de l'Elbe et du
Danube, des alluvions siliceuses dans le bassin de l'Oder.
3,200,000 hectares environ sont livrés, chaque année, à la
culture du Froment, qui, avec un rendement moyen de
6 hectolitres à l'hectare, donne 19 millions d'hectolitres
ou 57 litres 50 par habitant. La Hongrie, la Moravie et
la Bohême sont les provinces qui obtiennent, en Froment,
Orge, Seigle et Avoine, les plus beaux et les plus abondants
produits; on a pu les remarquer aux expositions universelles
de 1855 et 1856, et aussi les magnifiques Colzas venus sur
l'exploitation de l'empereur Ferdinand, auprès de Prague.
Les laines de MM. le comte de Thûn Honenstein, du prince

Schwarzenberg, du comte de Mundy ont été surtout admirées par leur finesse, leur tassé et leur brillant. Les grands propriétaires autrichiens cherchent désormais à augmenter la longueur et le poids de la toison, et dans ce but viennent en France chercher des béliers mérinos de Rambouillet. Quelques-uns paraissent même disposés à tenter le croisement par les mérinos soyeux de Mauchamp, cette précieuse variété créée par M. Graux.

Quant à l'espèce bovine, elle pourrait être améliorée, dans la plupart de ses races, par celle de Schwitz' pour le lait. Nous avons dit plus haut dans quels cas on pouvait, avec avantage, importer les races anglaises améliorées pour la boucherie.

Nous manquons de renseignements officiels sur le commerce des bestiaux en Autriche : l'exportation se fait surtout vers l'Italie et la Russie; l'importation, de la Suisse, de la Saxe et de la Bavière. Autrefois on exportait pour la France une certaine quantité de porcs. On sait que le royaume lombardo-vénitien est une des plus riches provinces de l'empire, et que son climat le rend propre à la plupart des productions du midi.

Nous ne connaissons, comme établissements d'instruction agricole, que l'Institut impérial et royal d'Ungarich-Alten-bourg, situé à 15 lieues de Vienne, entre Presbourg et Raab, et dirigé par M. de Pabst; enfin la colonie impériale de Thérésienfeld, en Bohême.

Le mode d'exploitation le plus ordinaire du sol est, comme dans une grande partie de l'Allemagne, celui du propriétaire avec des régisseurs. La propriété est très-agglomérée, et l'on rencontre d'immenses domaines, surtout en Hongrie et en Bohême. Nul doute qu'avec le contact favorable des expositions universelles, l'enseignement raisonné et l'expérience, l'Autriche ne fasse de rapides progrès, et n'arrive peut-être à se mettre à la tête des contrées allemandes; c'est, du moins, ce que semble prouver son zèle à se présenter à notre exposition, où elle avait envoyé quatre-vingt-seize bêtes à cornes, dont les unes seulement curieuses et les autres remarquables. Parmi les lauréats nous trouvons des noms illustres dans la finance, la diplomatie et l'armée, et cela nous semble d'un heureux augure pour l'avenir de l'Autriche.

ÉCONOMIE DE L'AGRICULTURE ET DU BÉTAIL

EN PRUSSE.

Le bétail de la Prusse se compose ainsi qu'il suit, d'après les documents les plus récents :

Espèce chevaline. . . .	1,800,000 têtes.
Espèce bovine.	5,400,000
Bêtes à laine.	18,000,000

Soit ensemble l'équivalent de 9,000,000 têtes de gros bétail, ou 31^{têtes},900 pour 100 hectares de superficie totale, ou encore 36 têtes par 100 hectares de superficie cultivée ; enfin, en d'autres termes, 69 têtes par 100 habitants. Le bétail à laine entre dans ces chiffres pour la plus forte proportion relative, ce qui tient à la nature légère et accidentée du territoire. Ces proportions, du reste, diffèrent peu de celles que nous avons rencontrées en Autriche, mais les animaux nous paraissent être inférieurs en produits.

L'*espèce bovine* ne nous présente que trois races particulières, issues du type hollandais, savoir : la *race du duché de Clèves et Berg*, à pelage pie-noir, de taille moyenne, assez bonne de formes, d'un engraissement assez facile et moyennement laitière; la *race de Westphalie*, pie rouge ou noir, variant en taille et en poids, suivant la fertilité du sol qui la nourrit, race mixte de lait et de graisse, et, en outre, assez rustique au travail ; la *race de Dantzig*, qui serait plus proprement, peut-être, une sous-race, a le même pelage, les mêmes formes et les mêmes aptitudes que celle hollandaise ; mais elle est plus petite et ses caractères sont moins constants. La race hollandaise a sans doute été, à un temps plus ou moins éloigné, importée aux embouchures de la Vistule, tout comme nous la rencontrons, en Russie, à celles de la Dwina. Dans le reste du royaume, les races qu'on rencontre le plus communément sont celles hollandaise, frisonne, schwitz et berne ou fribourg.

On engraisse peu en Prusse, si ce n'est dans quelques points de la Westphalie et des provinces rhénanes. La spéculation principale est la laiterie pour les beurres frais et salés, les fromages gras et maigres. En effet, la consommation moyenne, en laitage est, dans ce pays, de 246 litres par habitant, tandis qu'elle n'est, en France, que de 136. La consommation de viande est, en Prusse, de $16^k,111$, et, en France, de $19^k,922$ par tête. Mais la Prusse fait, pour la marine, une spéculation assez importante de viandes salées pour les ports de la Baltique. Les provinces occidentales exportent leur bétail jusque sur les marchés de l'est de la France. Le mouvement moyen, à l'exportation, de 1835 à 1839, a donné, par an, 2,203 têtes de bêtes à cornes entrées en France, sur un total de 16,000 têtes par an. L'importation s'élevait à 23,000 têtes.

L'espèce ovine se subdivise ainsi :

Mérinos purs.	4,000,000
Métis mérinos.	8,400,000
Bêtes communes.	5,600,000
ENSEMBLE. . .	18,000,000

Introduits en Prusse en 1748, les mérinos s'y sont rapidement propagés, surtout dans la Silésie prussienne, dans la Poméranie, la Saxe et le Brandebourg. La Saxe et la Silésie produisent des laines d'une finesse remarquable, et qui ont fait de Breslaw l'un des premiers marchés de laines de l'Europe. Berlin jouit aussi, sous ce rapport, d'une certaine importance, comme entrepôt des laines du Brandebourg et de la Saxe, tandis que celles du Posen, de la Silésie et de la Poméranie se rendent à Breslaw.

Quoique plus septentrionale que l'Autriche, la Prusse jouit à peu près du même climat et doit l'adoucissement de température et son humidité au voisinage de la Baltique, qui la borde au nord. La Prusse est divisée en un assez grand nombre de provinces :

La Poméranie, une des plus riches contrées du royaume, est composée, dans sa partie occidentale, des alluvions de l'Oder; assez accidentée, elle renferme surtout des prairies et des pâturages, nourrit du bétail à cornes, et surtout des bêtes à laine. *Le Brandebourg*, plus riche encore que la Poméranie, renferme les alluvions siliceuses de l'Oder et celles plus riches de l'Elbe. La culture arable et le bétail y sont dans un brillant état. *La Saxe*, au sol légèrement ondulé et assez riche; *la Silésie*, en grande partie formée des alluvions siliceuses de l'Oder. *La Westphalie* possède, sur les bords du Rhin, de riches pâturages, propres à l'engraissement; la culture de cette partie de la province est riche et bien entendue : le reste du duché est siliceux et aride; le bétail à laine y est peu nombreux. La *province rhénane*, que Royer appela la Flandre prussienne, est la perle agricole du royaume. Les riches sols d'alluvions du Rhin, un climat plus tempéré, le voisinage de l'Allemagne, ont donné à l'agriculture un merveilleux essor. La *Prusse royale*, en partie formée des alluvions de la Vistule, est de nature argilo-siliceuse et renferme quelques riches contrées. Enfin le *duché de Posen*, presque partout argilo-sableux, se livre surtout à la production de la laine; c'est une des plus riches provinces de la Prusse.

Le territoire de l'empire est donc assez généralement maigre et d'une difficile amélioration, si l'on en excepte la Westphalie et la Prusse rhénane. Sur une superficie totale de 28,000,000 hectares,

12,000,000 sont livrés à la culture arable,

7,900,000 aux prairies et aux pâturages.

2,500,000 hectares environ sont semés, chaque année, en Froment, et, avec un rendement moyen de 6 hectolitres par hectare, donnent 15,000,000 hectolitres, soit, pour une population de 13,000,000 habitants, 115^{litres},50 par tête. L'assolement triennal est encore presque partout en vigueur.

Nous ne rencontrons plus ici, comme en Autriche, de grands et riches propriétaires ; la fortune est plus morcelée, les domaines sont moins vastes, mais le goût de l'agriculture est plus généralement répandu. Les établissements d'instruction agricole sont nombreux : Mœglin (dans le Brandebourg) fondée par Thaër, et dirigée encore par son fils ; l'institut d'Eldena (en Poméranie), fondé par M. Schülzé ; on a, en outre, annexé des cours d'agriculture à certaines universités, celles de Poppeldorf, près Bonn (Clèves), de Regenwalde, près Greifenhagen (Poméranie), etc. L'instruction primaire est généralement répandue aussi. Sur 100 personnes, 93 savent lire et écrire, et ont passé par les écoles. (*Journal des économistes, juillet* 1845.)

L'importance de la Prusse, comme État européen, et la prospérité de ses industries, ne datent que de la fin du xviie siècle. La révocation de l'édit de Nantes chassa de France la plupart des protestants, dont plus de 20,000 trouvèrent un asile en Prusse ; sur ce nombre, 12,267, d'après un relevé authentique, se fixèrent dans le Brandebourg, introduisant avec eux la culture et la fabrication du Tabac, la culture des arbres fruitiers, l'industrie des laines et celle des soies. Au commencement du xviiie siècle (1720), Frédéric-Guillaume Ier offre un refuge, en Lithuanie, aux sujets protestants du Salzbourg, persécutés par leur archevêque, et plus de 12,000 y sont transportés à ses frais. Frédéric-Guillaume Ier et Frédéric II favorisèrent, par de prudentes et sages mesures, le développement des diverses industries, et surtout de l'agriculture, dans leurs États.

Voici comment les économistes établissent le revenu brut de cet empire :

Produit brut du bétail. . . . . . 1,198,240,000 fr.

— — chasses et pêches. . . . 38,000,000

— distilleries , bières , Tabacs ,
      Lins, etc. 250,000,000

— industries des draps et laines, etc. 435,000,000

— industries des soies, etc. . . 45,000,000
_____

ENSEMBLE. . . 1,966,240,000

Soit, par habitant, 151 fr. 50 c. Cette production se rapproche considérablement de celle que nous rencontrons en Autriche, et que nous avons omis d'indiquer, la voici :

Produit territorial brut. . . . 4,108,000,000 fr.

Produit brut industriel. . . . 950,000,000
_____

ENSEMBLE. . . 5,058,000,000

Ce qui donne un produit brut, par habitant, de 153 fr. 27 c., environ la moitié seulement de ce que nous produisons en France. Il s'en faut donc encore que, par leur culture et leur industrie, ces deux empires soient devenus les rivaux de la France.

_____

ÉCONOMIE DE L'AGRICULTURE ET DU BÉTAIL

EN RUSSIE.

Nous manquons de documents pour évaluer, même approximativement, le bétail de ce vaste et puissant empire. Le gouvernement russe ne laisse point divulguer l'état de ses forces et de ses ressources; à peine connaissons-nous quelques-unes de ses races, du reste, probablement, peu nombreuses. En 1855, le gouvernement avait ouvert un concours pour le bétail de la Russie méridionale; mais aucun renseignement, à notre connaissance, n'a transpiré de cet essai.

Toutes les races bovines de la Russie se rapportent à deux

types : l'un que nous avons rencontré déjà en Autriche, le type hongrois; l'autre que nous retrouverons, comme race indigène, en Hollande.

Au type hongrois nous rattacherons *la race de l'Ukraine* ou des steppes, dont le pelage, rouge dans la jeunesse, devient, avec l'âge, gris clair ou blanc, quelquefois avec raie de mulet; et les yeux cerclés de gris foncé. Plus petite que la race hongroise, celle des steppes n'a point dégénéré sous le rapport de l'énergie au travail et de la rusticité. Les femelles, il est vrai, n'ont point acquis de qualités laitières, mais la faculté de ces animaux pour l'engraissement ne s'est point démentie. Cette race habite le centre de la Russie méridionale. *La race podolienne* diffère peu de la précédente ; sa taille varie suivant la richesse du sol : presque aussi grande que la hongroise dans la Podolie, la Volhynie, la Moldavie et la Bessarabie ; plus petite que la race de l'Ukraine dans les gouvernements de Saratof, Astrakan et des Cosaques du Don. Elle est moins propre au travail, peut-être, que celle de l'Ukraine, mais aussi plus disposée à prendre la graisse.

Au type hollandais nous rapportons *la race dite holmogorsky*, dont l'origine remonte vers 1700. Pierre le Grand fit transporter près de l'embouchure de la Dwina, dans l'*Archangel*, des vaches et des taureaux hollandais qui, favorisés par la nature et la richesse du sol, se sont perpétués jusqu'ici sans dégénérer quant à leurs qualités. La conformation, le pelage, les aptitudes n'ont point subi de modification. On a, dans ces derniers temps, croisé cette race avec celle de Berne, et on a obtenu des animaux mieux musclés, donnant moins de lait, mais un lait plus riche, et plus disposés à l'engraissement. La race hongroise, que nous connaissons déjà, constitue à peu près le reste du bétail à cornes de la Russie.

La spéculation principale est donc le travail et subsidiairement la graisse ; la culture des terres, le transport des produits à travers des contrées désertes qui sillonnent quelques routes à peine tracées, tels sont les rudes labeurs de l'espèce bovine. Après six à huit ans de travaux, les bœufs sont engraissés dans les pâturages de la Bessarabie, de l'Astrakan, de l'Archangel, puis, de là, expédiés vers le centre de l'empire. Le prix moyen d'un bœuf de travail est de **72 à 120 fr.**; d'une vache laitière, de **160 à 240 fr.** La Russie exporte annuellement, en moyenne, **5,500,000 kilog.** de suif, et des cuirs crus pour 4 millions de francs.

L'espèce ovine présente les mêmes races que l'Autriche; nous ne décrirons pas une seconde fois celles hongroise, valaque, de Galicie et des Carpathes. L'attention, depuis quelques années, se tourne vers le mérinos et les croisements; mais les soins, l'hygiène et l'amélioration sont, en général, mal dirigés. Il n'est pas rare, en Russie, de rencontrer, sur des domaines immenses, des troupeaux de 50 à 80,000 têtes. Les béliers mérinos de la Saxe ont été, jusqu'ici, presque exclusivement choisis pour le croisement. Les steppes du centre et de l'est sont éminemment propres aux troupeaux, et ces contrées font un grand commerce avec les Kirghiz, qui importent la race des steppes de la Tartarie, dont l'engraissement se fait dans l'Orenbourg, le Saratof, etc.

Le climat de l'empire russe est généralement froid, et appartient aux climats septentrionaux. Le nord, au delà de 60° latitude, appartient à la région inculte, et la Vigne ne peut vivre au delà de 50° latitude. La surface générale du territoire est peu accidentée, si l'on en excepte la Circassie, traversée par le Caucase, et les gouvernements du nord-est, limités par les monts Ourals. La nature du sol est, le plus communément, argilo-siliceuse. Mais la Vistule, le Dniéper et ses affluents ont formé de riches bassins d'alluvion, sur un sous-sol profondément situé, d'une argile blanche ou d'une roche calcaire. Les provinces de Podolie, Kiew et Volhynie occupent ces vastes et riches plaines qui fournissent, chaque année, tant de millions d'hectolitres de Froment au reste de l'Europe. Dans la Bessarabie, le sol est argilo-siliceux, et on n'y cultive presque que le Maïs comme céréale. Une grande partie des terres est convertie en pâturages sur lesquels on se livre à la production du bétail à cornes, transporté plus tard dans le nord de l'empire, et jusqu'en Allemagne. La Podolie et le gouvernement de Kiew sont traversés par une large bande de terreau de Bruyères d'une merveilleuse fertilité. Dans le nord, les alluvions de la Dwina ont produit, à son embouchure, dans les provinces de Livonie et de Courlande, des sols très-riches aussi, et sur lesquels on cultive des céréales, et surtout du Lin. On rencontre encore, sur ces alluvions, dans le gouvernement d'Archangel, de magnifiques pâturages qui nourrissent une forte race de vaches laitières; de même encore, les alluvions du Dniéper et du Volga, dans les gouvernements de Pultawa et de l'Ukraine.

L'industrie générale du bétail consiste dans l'élevage, et une sorte d'engraissement poussé peu loin, et après lequel les animaux parcourent à pied de longues distances, pour arriver sur les marchés de Moscou, Pétersbourg, Novogorod ou Astrakan. Rarement, et dans quelques provinces seules, on spécule sur le laitage. L'industrie des laines fines s'est bien développée depuis quelques années, quoique l'introduction des mérinos dans l'empire ne remonte pas au delà de quarante ans; la Russie a désormais acquis, sous ce rapport, une certaine importance. Les troupeaux émigrent dans certains gouvernements, suivant les saisons.

Les premiers progrès de l'agriculture en Russie ne remontent pas au delà de 1650, époque où le czar Alexis appelle les étrangers dans ses États, favorise les défrichements et colonise les provinces par les prisonniers suédois et lithuaniens. Le régime politique et le mode d'exploitation du sol sont peu favorables aux progrès agricoles. L'assolement triennal : 1° jachère, 2° Froment, 3° Orge, Seigle ou Avoine, est généralement en vigueur, aujourd'hui, comme au temps des Slaves. La politique du czar maintient, autant que possible, la grande propriété. Le comte de Nesselrode, entre autres, possède, en Bessarabie, une propriété de plus de 1,500 hectares; la plus grande partie des nobles exploitent au moyen d'employés qui dirigent les serfs. Quelques-uns de ces domaines occupent jusqu'à deux mille serfs. Voici le régime auquel ceux-ci sont généralement soumis : le propriétaire leur fournit une étendue de terrain de 80 à 120 ares environ, par famille, qu'ils cultivent pour leur compte, après les deux ou trois jours de travail dus par semaine au propriétaire. On sait, au reste, les droits iniques dont celui-ci jouit sur ces malheureux. Le salaire d'un travailleur se payé, en moyenne, de 1 fr. à 1 fr. 20 c.

La Russie présente une superficie de 510 millions d'hectares, dont 75,500,000 seulement livrés à la culture. La production moyenne en céréales est évaluée à 350 millions d'hectolitres par année moyenne. Sa population totale est de 50 millions d'habitants. Elle exporte, année commune, 700,000 hecto-litres de Blé, représentant, pour elle, une valeur de près de 10 millions. Les ports d'Odessa dans la mer Noire, Tanga-rock dans la mer d'Azof, Riga et Revel dans la Baltique, sont les principaux centres du commerce d'expédition des denrées agricoles du commerce de la Russie avec le reste de l'Europe. Elle entretient, en outre, avec l'Asie et surtout la Chine, des relations commerciales qui deviennent, chaque jour, plus importantes.

L'enseignement agricole a reçu, du moins sur le papier, un grand commencement d'organisation ; chaque province de l'empire est dotée, depuis 1838, d'une ferme-école. Nous connaissons, en outre, l'école d'agriculture des apanages im-périaux; l'institut agricole de Gorigoretz (Mohilow); l'école d'agriculture de Marjino, fondée par la comtesse Straganow; enfin l'institut agronomique de Moscou.

ÉCONOMIE DE L'AGRICULTURE ET DU BÉTAIL

EN HOLLANDE.

Le bétail de la Hollande a subi, depuis le commencement du siècle, de graves modifications dans sa quantité et ses éléments proportionnels ; voici comment il se composait en 1800, d'après M. Yvart (discours d'inauguration du cours d'économie rurale à Alfort), en regard de ses nombres actuels :

	1800.	1846.	
Espèce chevaline. . .	243,000	300,000	têtes.
Bêtes à cornes. . . .	760,000	1,200,000	—
Bêtes à laine. . . .	1,000,000	650,000	—

C'était donc, au commencement du siècle, l'équivalent de 1,103,000 têtes de gros bétail, tandis que les existences animales équivalent aujourd'hui à 1,565,000 têtes de bétail à cornes. La superficie totale du territoire étant de 3 millions d'hectares, c'est 52 têtes 11 par 100 hectares, et l'étendue cultivée étant de 2,800,000 hectares, c'est une proportion de 55 têtes 90 par 100 hectares. Ce dernier rapport est fort élevé et place la Hollande après la Belgique, et, sur la même ligne que l'Autriche, la Suisse et l'Angleterre, bien au-dessus de la Prusse et surtout de la France.

La population étant de 8,200,000 habitants, c'est l'équivalent de 48 têtes 90 de gros bétail par 100 habitants, un peu plus qu'en Angleterre et un peu moins qu'en Belgique. Cependant la consommation moyenne et annuelle de viande n'est que de $10^k,102$ par tête comme en Belgique, moins qu'en Autriche et qu'en France, bien moins surtout qu'en Angleterre. Mais les Hollandais consomment beaucoup de laitage et de poissons, et exportent une notable partie de leur bétail. La dépense en laitage est de 195 litres par tête et par an. Ces chiffres nous suffiraient de prime abord pour reconnaître une nation riche par son agriculture que favorisent le sol et le climat.

L'espèce bovine qui peuple la Hollande se personnifie dans un type indigène très-ancien, qui a répandu ses filiations sur toutes les contrées de l'Europe. C'est la *race hollandaise,* pie noire, quelquefois blanche, de grande taille, à formes anguleuses et remarquable par ses qualités laitières. Une variété assez répandue est remarquable par la bizarrerie

de son pelage; le dos, les reins et l'abdomen sont blancs, et
le reste du corps complétement noir. On lui donne le nom
de *race drapée*, obtenue, sans doute, par un caprice de
l'homme. Cette sous-race a perdu de ses qualités pour le lait,
mais paraît avoir gagné en aptitude à l'engraissement. Une
sous-race présentant une semblable particularité se rencontre en Angleterre dans la race à ceinture du Sommerset,
issue également de la hollandaise; seulement les extrémités
sont jaunes et non noires, et le tronc toujours blanc. La *race
frisonne*, issue de celle indigène, a émigré dans le Danemark et le nord de l'Allemagne; elle est aujourd'hui peu
nombreuse en Hollande; son pelage est le même, mais un
peu plus petite, moins constante et presque aussi bonne laitière que la race mère. On rencontre encore la *race flamande*,
issue également de la souche hollandaise et qui est indigène
de la Belgique et du nord de la France, de pelage rouge vif
tacheté de blanc, et très-rapprochée, par ses formes, de la race
de Hollande.

L'espèce ovine comprend 1° *la race indigène*, 2° *la race du
Texel*, 3° *la race frisonne*. La première est d'assez haute
taille, résiste à l'humidité et produit de la longue laine,
assez fine pour le peigne. La race du Texel, importée au
xvi° siècle, est originaire des Indes orientales; elle est de
haute taille, désormais bien acclimatée, et produit une laine
longue, fine et soyeuse, elle est très-féconde. La race frisonne, à laine longue, droite et mi-fine, est originaire des
bords du Rhin et de l'Elbe, et plus apte à l'engraissement
que les deux précédentes.

En Hollande de même qu'en Belgique, la spéculation
principale sur le gros bétail consiste dans la production du
laitage pour la fabrication du beurre et surtout du fromage;
sous ce rapport, la race indigène n'a rien à envier à aucune
autre. Les bêtes à laine devaient être comparativement peu
nombreuses sur ce sol riche et humide et sous ce climat
brumeux; on ne leur demande que des laines de peigne,
longues et mi-fines, et de la viande après l'âge de réforme.

Le *climat* de la Hollande est plus humide et plus froid que celui de la France et de la Belgique; c'est un pays de plaines achetées sur la mer par les plus coûteux travaux. Entravée au nord et à l'ouest par l'Océan, découpée de baies, de golfes, sillonnée de canaux et de véritables mers intérieures, la Hollande a dû conquérir la terre ferme pour s'y établir. Presque partout le sol se trouve situé à un niveau inférieur à celui de la mer, et il a fallu des digues immenses pour contenir les eaux et de puissantes machines pour les épuiser. Nous trouvons, en France, dans l'arrondissement de Dunkerque, un exemple de ces gigantesques travaux dans les marais appelés les moëres. Les polders les plus remarquables en Hollande sont ceux de l'embouchure de l'Escaut (Walcheren, sud Beverland, Tholen, Duveland), de la Meuse (nord Beverland, Over-Flakke, Yssel-Monde, Rotterdam), du Rhin (lac d'Haarlem) et, en outre, d'autres moins vastes dans les provinces de Frize, Drente, Over-Kissel, etc. Le lac ou mer d'Haarlem a 25 kilomètres de longueur sur 11 de largeur; entrepris en 1839, son dessèchement, terminé en 1856, avait coûté 18,500,000 francs; on avait conquis sur la mer 18,000 hectares environ, dont la vente produira plus de 20 millions de francs.

Le *sol* de la Hollande est entièrement constitué par des alluvions marines sur une épaisseur moyenne de 50 mètres de sables et d'argiles alternés par bancs plus ou moins élevés. En quelques endroits, la superficie présente des couches tourbeuses de 12 à 15 mètres d'épaisseur, anciennes forêts englouties. Le plus généralement le sol est un loam meuble, d'une grande richesse, propre à toutes les productions. Le climat, cependant, favorise plus particulièrement celle des fourrages; aussi les 2,800,000 hectares cultivés se répartissent-ils ainsi :

Terres arables.	663,833 hect.
Pâturages et prairies.	1,092,190 —
Culture forestière, dunes, etc. . .	1,043,927 —

Soit plus de 1 hectare 50 de *prairie* pour 1 hectare de culture. Ces prairies sont exploitées par le pâturage des vaches et des élèves d'espèces chevaline et bovine, ou fauchées pour leur nourriture d'hiver ; elles donnent ensuite un excellent pâturage de regain. 1 hectare de ces prairies suffit pour nourrir trois vaches pendant toute la belle saison, soit six mois. Le lait est converti en beurre et en fromage ; 20 litres de lait produisent en moyenne 0^k,250 de beurre et 2 kilog. de fromage façon hollande. Après la réforme, les vaches laitières sont mises en chair au pâturage, puis engraissées, l'hiver, à l'étable, de fourrages secs et de racines. C'est dans les provinces de Frise et de nord Hollande que le système pastoral est le plus développé, et dans celles de Zélande et nord Brabant que la *culture arable* occupe le plus d'espace. Celle de Gueldre, en partie notable, se trouve livrée à la culture forestière.

Sur les 663,883 hectares en culture arable, 200,000 environ sont ensemencés en *Froment*, et rendent en moyenne 15 hect. par hectare, soit 3 millions d'hectolitres, ce qui laisse à la consommation de 3,200,000 habitants 94 litres par tête et par an. La production en *Seigle* égale presque celle du Froment. La culture du *Lin* et celle du *Chanvre* occupent environ 2,500 hectares ; celle du *Colza*, 22,000 hectares ; celle de la *Pomme de terre*, en 1844, s'étendait sur plus de 40,000 hectares. Cette dernière plante, importée, en 1589, par Gérard et Clusius, avait été en Hollande, comme dans le reste de l'Europe, une merveilleuse source de richesse. En retour, c'est des Pays-Bas que, vers 1509, l'art de l'horticulture avait été transporté en Angleterre.

Le revenu agricole brut, moins les impôts, s'élève, en moyenne, pour les végétaux, à...................... 88,643,000 fr.
Le revenu brut des animaux à......... 42,600,000

           Soit............. 131,243,000 fr., ci 131,243,000
Le revenu brut industriel est évalué, en moyenne, à......... 198,000,000

           Ensemble................ 329,243,000

Soit 102 fr. 90 c. par habitant, moins qu'en Autriche et

qu'en Prusse ; seulement dans ce chiffre n'est point contenu le produit des pêches et chasses, qui, pour le premier objet seul, doit former une somme importante.

La Hollande fut soumise à de continuelles et terribles vicissitudes ; subjuguée d'abord par les Romains, annexée par Charlemagne à l'empire français, tombée sous le sceptre de l'Espagne, elle se constitue enfin en république indépendante. Ce fut le moment de sa plus grande puissance ; de là datent son commerce et son industrie. Mais bientôt la jeune république recommence les hostilités avec la France et l'Angleterre, puis, affaiblie par ces luttes, elle doit passer sous la domination de l'Autriche ; conquise de nouveau par la France, elle forme de nos jours un royaume indépendant. La richesse de son sol et l'industrie de ses habitants ont résisté à tous les bouleversements des États et des flots, et placé la Hollande à la tête des contrées commerciales européennes de second ordre.

ÉCONOMIE DE L'AGRICULTURE ET DU BÉTAIL

EN BELGIQUE.

Nous rencontrons, en Belgique, un nombreux bétail ainsi divisé :

Espèce chevaline.	1,200,000 têtes.
Espèce bovine.	1,000,000 »
Bêtes à laine.	600,000 »

Soit, ensemble, l'équivalent de 2,280,000 têtes de gros bétail ; la superficie totale étant d'environ 27,600,000 hectares, c'est 8 têtes 26 par 100 hectares, et, pour 2,500,000 hectares cultivés, c'est 91 têtes 20 pour 100. En d'autres termes, la population moyenne étant de 4 millions d'habitants, c'est 57 têtes pour 100. La Belgique est, sous ces rapports, mieux partagée encore que l'Angleterre, et surtout que la

France. Sa consommation de viande est de 10^k,092 par tête et par an, et celle du laitage de 208 litres, à peu près les mêmes chiffres qu'en Hollande; moins de viande, plus de laitage et de poisson qu'en France.

Parmi l'espèce bovine, nous rencontrons, en Belgique, trois races issues de la hollandaise : la première , que nous connaissons déjà, est la *frisonne;* la seconde, indigène de la Belgique, est la *flamande,* que nous avons aussi rencontrée dans les Pays - Bas, et que nous retrouvons ici dans les deux Flandres, la province d'Anvers et le Limbourg. Enfin la *race ardennaise,* qui habite le Luxembourg, les pays de Liége et de Namur, c'est-à-dire le voisinage des monts des Ardennes; elle est plus petite, plus chétive, plus sobre et plus rustique que les deux précédentes, aussi laitière que notre petite race du Jura, dont elle se rapproche beaucoup par la taille, les formes, l'aptitude et même le pelage pie-rouge ou pie-noir. La spéculation la plus générale est le laitage. On demande, en outre, du travail aux bœufs dans les provinces du Luxembourg, Anvers et du Limbourg. Partout le moyen de réforme est l'engraissement; il se fait principalement dans les deux Flandres, portion du Luxembourg et du Limbourg. « Dans presque tout le reste de la Belgique, dit M. Moll, le « bétail est secondaire; on le tient, avant tout, pour la pro- « duction des engrais. » Les herbages sont surtout nombreux dans les Flandres, le Luxembourg et partie de la province de Liége, et la spéculation la plus commune y consiste dans la laiterie (beurre, fromage) et l'élève.

Au mouton on ne demande guère que de la viande, la laine n'est que l'accessoire, et en cela les Belges l'ont un peu trop négligé. La race indigène varie en taille , en poids et en lainage , suivant qu'elle habite le centre, les Ardennes ou le littoral. En général, la laine est longue, droite et mi-fine. Les croisements dishley, southdown, new-kent, dans de nombreuses circonstances, pourraient, sans aucun doute, offrir de grands avantages sous le double rapport de la viande et de la laine.

L'amélioration du gros bétail marche depuis longtemps déjà vers le progrès et la précocité, non-seulement par le croisement durham, mais encore par l'amélioration en dedans. Ne pouvant que très-peu augmenter le nombre, on cherche à perfectionner les qualités pour le lait et la graisse. Pour le lait, la race flamande, retrempée de temps en temps par le hollandais, suffit à toutes les exigences; pour la graisse, on a tenté avec succès les croisements durhams-flamands. La petite race ardennaise accomplit tout le travail des pays des coteaux, tandis que le cheval est réservé pour les charrois.

Par son bétail proportionnellement nombreux, la Belgique a établi d'assez fréquents échanges avec diverses nations voisines; elle importe des bœufs de l'Allemagne, des vaches et des jeunes bêtes de la Hollande; elle exporte, pour la France, des bœufs, des vaches et surtout des moutons gras, et, pour l'Allemagne, des vaches et des élèves. Voici le résumé de ce mouvement moyen de 1836 à 1838 inclus :

	Importations.	Exportations.
Bêtes bovines. . .	17,090 têtes. . .	15,278 têtes.
Bêtes ovines. . . .	15,000 » · . .	21,187 »

Elle exporte en outre, année moyenne, 210,000 kilog. de beurre d'excellente qualité, et ses échanges de laine se balancent à l'importation par plusieurs millions de kilog. de laines fines tirées de l'Allemagne et de la Russie.

Le climat de la Belgique est plus régulièrement tempéré et plus régulièrement humide que celui de la France; les extrêmes de chaud et de froid, d'humidité et de sécheresse y sont moins marqués. Aussi la Belgique se trouve-t-elle dans la région des pâturages de printemps, d'été et d'automne. *Le sol* y est de nature assez variée : les parties sud-ouest, ouest et nord reposent sur la formation moderne et tertiaire; l'est, le sud et le sud-ouest, sur la formation hémilysienne. Au centre d'un triangle formé par Liége, Namur et Bruxelles, se trouve un bassin de formation crétacée, d'une superficie d'environ 25,000 hectares. Les alluvions de la Meuse ont formé des terres franches, riches et profondes. Dans le Limbourg, la couche arable est, comme dans la province de Liége, formée d'une argile variant du jaune au rouge et renfermant des galets roulés. Les environs de Maestricht, dans le Limbourg, sont cependant constitués par un sol siliceux et stérile, dont la culture industrieuse a pourtant fini par tirer de merveilleux produits. La Campine appartient à la même formation que le pays de Liége, une argile jaunâtre, quelquefois recouverte de terreaux de bruyère; une partie de cette contrée repose sur un sous-sol de tuf ferrugineux, et le sol est un sable pur et profond. La Campine présente les plus grandes analogies avec notre Sologne. Le pays d'Hervé (Limbourg) offre, d'un autre côté, de grandes similitudes avec notre Normandie, tandis que le Brabant se rapproche plutôt de notre Beauce. Le pays de Waës, le jardin de la Belgique, formé d'un sol siliceux, jouit d'une fécondité que ne tarissent point les cultures céréale, commerciale et maraîchère. Enfin, là, comme en Hollande, comme dans la Flandre française, nous retrouvons les polders qui, dans la seule province d'Anvers, ont fourni plus de 12,000 hectares d'un sol inépuisable.

L'agriculture belge, favorisée par le sol et le climat, est encore secondée par la proximité de la mer sur un vaste littoral. Les *prairies*, quoique nombreuses, ne sont pas toujours permanentes; sur les sols siliceux, particulièrement, on suit un *système pastoral mixte*, les pâturages durant de deux à six ans. Dans la Campine, on suit quelquefois le *système céréal* pur; le bétail est nourri à l'étable, et la litière se compose de landage des bruyères. Le fourrage, c'est la Spergule; les céréales, ce sont le Seigle et le Sarrasin. Dans les polders des environs d'Anvers, on suit l'assolement quadriennal du Norfolk peu modifié, ou un assolement céréale à quatre soles, ou encore une rotation de six ans avec trois céréales, un Trèfle et des racines. Dans le Waësland, l'assolement comprend trois céréales, des racines, un Trèfle et un Lin. Les

Flandres cultivent les plantes commerciales, et particulièrement le Lin, le Colza et le Tabac.

L'ensemble de la Belgique, à part les Ardennes et la Campine, constitue donc un riche territoire; aussi est-il, en général, morcelé, et y rencontre-t-on, comme dans tous les pays
de petite culture, une aisance générale, mais, à côté d'elle,
la misère la plus pénible.

Sur les 2,500,000 hectares cultivés, 300,000 environ sont
ensemencés en Froment, qui, par un rendement moyen de
15 hectolitres à l'hectare, produisent 4,500,000 hectolitres,
soit 112 lit. 50 par habitant. Les populations de la Campine
et d'une partie des provinces de Namur et de Luxembourg
se nourrissent presque exclusivement de céréales d'une qualité inférieure, Seigle, Orge, Sarrasin, Avoine même. Les
produits de la Belgique peuvent être estimés comme il suit :

Produit brut des cultures, 305,000,000 f.
Produit brut des animaux. 119,000,000 424,000,000
Produit brut industriel. 312,450,000 736,450,000

Soit, par habitant, un produit de 184 fr. 11 c.

L'instruction agricole a reçu, dans ces dernières années,
un commencement d'organisation par la création de plusieurs fermes-écoles, d'ingénieurs civils pour la Campine, de
cours publics dans les villes et les universités. La Belgique
est plus exclusivement agricole encore que la France; sa population rurale comprend près des trois quarts de la population totale, tandis qu'en France elle se compose d'environ
les deux tiers. Nous croyons que la Belgique, bien supérieure en agriculture à la France, pourrait lui offrir, au moins
autant que l'Angleterre, de sérieux sujets d'étude beaucoup
trop négligés jusqu'ici.

L'AGRICULTURE EN BELGIQUE ET EN HOLLANDE.

Après la conquête de la Belgique et de la Hollande par les
armées républicaines, André Thoüin fit partie, avec MM. Le-

blond, de Wailly et Faujas de Saint-Fond, d'une commis-
sion envoyée, en 1795, dans les deux nouvelles possessions
françaises, pour en étudier les besoins et les ressources.
Thoüin était chargé de l'agriculture, de l'horticulture et de
la botanique. Après la mort du savant professeur, les notes
de cette excursion furent mises en ordre et publiées par
M. le baron Trouvé, ancien préfet de l'Aude et ancien am-
bassadeur en Italie, son ami et presque son parent par al-
liance. C'est à ce travail, publié en 1841, et peu connu, que
nous empruntons quelques renseignements, afin de compléter ce que nous avons déjà dit de l'agriculture de la Belgique et de la Hollande (1).

A cette époque, la suppression des jachères était consi-
dérée comme le criterium de l'agriculture ; aussi Thoüin
note-t-il soigneusement sur son passage la conservation ou
l'absence de la jachère, ainsi que l'étendue relative des prairies naturelles. De Malines à Bruxelles (Brabant méridional),
de Liége à Tongres (province de Liége), de Liége encore à
Verviers (Limbourg), il remarque avec étonnement que le
sol, plus ou moins léger ou tenace, est peu riche par lui-
même et ne doit « son extrême fertilité qu'aux engrais
abondants, à l'intelligence de la culture et à l'humidité du
climat. » Pour notre part, ayant eu occasion de visiter, en
1853, sur la route de Lille à Menin, la ferme de Drèves, près
Warneton (Belgique), composée de 57 hectares de terre argilo-siliceuse, nous recueillîmes, avec quelque surprise, les
renseignements suivants : le fermier, M. Van-der-Maës,
loue 100 fr. l'hectare, soit 5,700 fr.; il entretient un cheptel
de 35,000 fr., et nourrit l'équivalent de soixante têtes de
gros bétail de forte race; il achète, en outre, chaque année,
pour 7,000 fr. d'engrais, dont 4,000 fr. de tourteaux. Le
Tabac, la Betterave, le Lin, le Froment, le Colza, les Fèves
se partagent environ les trois cinquièmes du sol, et le reste

(1) *Voyage en Belgique et en Hollande*, par André Thoüin, publié
par le baron Trouvé. Paris, 1841, Garnier frères.

est occupé par l'Avoine et les fourrages. On conçoit qu'une semblable culture permette de tirer du sol des produits abondants ; mais j'ai entendu plusieurs Belges se plaindre de l'élévation des impôts, qui sont devenus, disent-ils, accablants pour eux.

Le pays d'Hervé se fit remarquer, aux yeux de Thoüin, par l'étendue et la qualité de ses herbages, qu'enclosent des haies vives garnies de beaux arbres, et peuplés de vaches laitières et de jeune bétail.

De Belgique en Hollande, de Liége à Aix, Thoüin ne parcourut que des herbages : ni blé, ni vin, ni bière ; les seules productions sont le beurre, le fromage, les laines et l'élevage des bestiaux de toute espèce ; on se pourvoit de graines dans le pays de Juliers, et de vins de France ou du Rhin. Le pays de Juliers est une vaste plaine qui commence aux portes d'Aix-la-Chapelle ; le sol est argilo-siliceux, jaunâtre, assez profond et très-riche : c'est le grenier du Luxembourg, dit Thoüin, qui se plaint amèrement de le voir encore livré à la jachère. « Le vice des jachères est si saillant, continue-t-il,
« que l'empereur d'Allemagne lui-même avait voulu ré-
« duire les grandes fermes de ce pays, dont plusieurs ont le
« labour de quinze ou vingt charrues (700 à 900 hectares),
« à celui de deux ou trois charrues (100 à 120 hectares) seu-
« lement. » De nos jours encore, à en croire Schwerz, la jachère domine encore dans le pays situé entre la Suisse et la Hollande, et dans le pays de Juliers.

Dans le Limbourg hollandais, aux environs de Maestricht, il rencontre la culture d'une variété de Garance tirée de la Zélande, et faite avec soin d'après les détails qu'il nous donne. Cette plante est combinée avec l'assolement suivant : 1° Garance, 2° Pommes de terre, 3° Froment de mars, 4° Blé d'hiver, 5° Seigle, 6° Avoine, 7° Trèfle de Hollande ; mais la rotation ne recommence plus par la Garance, qui demande des terrains nouveaux pour elle.

De Maestricht à Bois-le-Duc, le sol sablonneux est couvert de Bruyères qu'on tend à remplacer par des Pins, dont on connaissait peu la culture à cette époque, mais dont on tire aujourd'hui des produits relativement si précieux. L'exemple du défrichement de ces terrains avait été donné par des ermites retirés à Yglen, et qui assainirent d'abord, puis labourèrent et ensemencèrent en Pins. « En examinant « ces cultures, dit A. Thoüin, on est convaincu de la possi- « bilité de mettre en valeur toutes les Bruyères du pays; il « ne faut, pour cela, que des hommes et des bestiaux. Notre « Sologne, qui offre la même nature, pourrait être fertilisée « par les mêmes moyens. » Nous regrettons, pour notre auteur, ces deux phrases trop banalement naïves.

Revenant vers Amsterdam, il admire les prairies vastes et unies, coupées de canaux d'irrigation et de fossés de dessé- chement, plantées de fanons de baleine peints en diverses couleurs, et d'une hauteur de 5 à 6 mètres. Ces poteaux « n'ont pas d'autre objet, le croirait-on, que de fournir, aux « bestiaux qui y paissent, les moyens de se gratter. » Tous les hivers on inonde ces prairies, et, au printemps, on les dessèche au moyen de moulins à vent à épuiser, qui élèvent l'eau dans un canal de décharge. Ces prairies sont divisées par enclos de 10 à 20 hectares : le bétail les pâture depuis la mi-mai jusqu'à la mi-octobre; à cette époque, il rentre à l'étable.

Près de la Haye, Thoüin étudia encore la race des bêtes à laine de haute taille, à la toison volumineuse et très-propre, qui passent les journées et les nuits les pieds dans l'eau, sans être affectées de la pourriture. Ces animaux sont réunis au nombre de douze à vingt au plus. Leur chair est d'une qua- lité supérieure, tendre, savoureuse, et nulle part, ajoute l'auteur, je n'ai mangé de meilleures côtelettes que dans ce pays. C'est très-probablement la race du Texel dont nous avons déjà parlé, et que M. Bénard, de Caen, avait tenté, vers 1846, d'introduire en Normandie.

De Harlem à la Haye, on retrouve le sol sablonneux et les Pins, de même que dans la plus grande partie de la pro- vince de Gueldre.

On sait que les excréments du bétail, dans une grande partie de la Hollande, sont précieusement conservés en hiver, pour les répandre au printemps sur les prairies, après les avoir réduits en poudre. Le reste du sol cultivé ne reçoit presque jamais d'engrais ; le bétail parque dans les prairies durant toute la belle saison. C'est là que, deux fois par jour, on va traire les vaches, dont le lait est, le plus souvent, converti en fromages. Les habitudes de propreté des Hollandais sont devenues proverbiales, et c'est moins dans un but économique, que par une sorte de luxe en ce genre, qu'ils ont adopté, pour les étables et les écuries, une disposition particulière que Thoüin nous décrit sans cacher son étonnement. « Le sol de l'écurie, dit-il, est ordinairement pavé de bri-
« ques sur champ et en pente assez rapide. Dans toute la
« longueur règne une rigole de 6 à 8 pouces de profondeur
« et à une telle distance que les bêtes, mangeant au râte-
« lier, puissent se vider dans cette rigole, sans que rien
« tombe sur l'endroit où elles se couchent, afin qu'elles ne
« soient point salies de leurs excréments. On pousse la pro-
« preté si loin, que des cordes, attachées au plancher, re-
« troussent la queue des vaches pour qu'elle ne ramasse au-
« cune ordure et n'en porte sur aucune partie du corps. »
Dans certaines petites villes (Broock, Saardam, etc.), composées d'une seule rue pavée en briques, le bétail et les voitures ne circulent que sur deux chemins parallèles au premier, macadamisés, et qu'on balaye plusieurs fois par jour.

Les produits végétaux du sol hollandais peuvent être ran-
gés à peu près comme il suit, eu égard à l'importance proportionnelle de l'étendue qu'ils occupent : prairies naturelles, céréales, Lin, Tabac, fourrages, Garance, Colza et
même Cameline, que, dès 1795, Thoüin rencontrait sur les
bords du Rhin, près de Zutphen. Les forêts décroissent
promptement chaque jour, et la Vigne a, depuis longtemps
déjà, à peu près complétement disparu.

Thoüin cite une nouvelle preuve des déplorables effets
économiques de la révocation de l'édit de Nantes ; près

d'Amsterdam, il visita un hospice affecté aux orphelins (deux sexes) des réfugiés français dits wallons et aux vieillards de même origine. Leur visage a conservé le type français, et tous regrettaient leur ancienne patrie. Ce n'est que postérieurement au voyage de Thoüin qu'on a organisé en Hollande les colonies agricoles de divers genres, que M. Huerne de Pommeuse étudia si profondément.

Tels sont les faits agricoles les plus saillants de cet ouvrage curieux à plus d'un titre. Horticulture, botanique, mœurs, costumes, vêtements, politique, économie sociale, tout cela s'y trouve à sa place et forme un travail intéressant par l'attrait de la forme et du fond. Le second volume comprend un voyage postérieur en Italie, dont nous aurons occasion de parler plus loin.

ÉTAT PRÉSENT DE L'AGRICULTURE

EN SUISSE.

Les documents statistiques sur ce pays, quoique incomplets sur quelques points, permettent cependant d'établir assez approximativement, ainsi qu'il suit, sa population en bétail :

Espèce chevaline. . .	350,000 têtes;
Espèce bovine. . . .	850,000 —
Espèce ovine. . . .	500,000 —

soit ensemble l'équivalent de **1,385,000** têtes de gros bétail qui, sur une superficie de **3,800,000** hectares, donnent **36** têtes **50** pour **100** hectares; l'étendue cultivée étant d'à peu près **1,500,000** hectares, c'est **92** têtes **30** pour **100**. En d'autres termes, la population étant de **2,000,000** d'habitants, ce sera **69** têtes **25** pour **100**. Une espèce particulière de bétail vient un peu augmenter ces chiffres ; ce sont les chèvres, qui tendent, chaque jour, à se substituer aux moutons et comptent déjà pour plus de 350,000 têtes. La moyenne de ces diverses proportions est plus élevée qu'en France, parce que d'immenses étendues incultes de montagnes fournissent néanmoins au bétail d'excellents pâturages d'été. La consommation de viande n'est, en Suisse, que de 13^k,125 environ par habitant ; mais aussi, celle du laitage est de 265 litres, proportion la plus élevée que nous devions rencontrer.

L'espèce bovine de la Suisse appartient à trois types : Hollandais, Schwitz et Berne ou Fribourg, qui, modifiés par le climat, le sol et les soins, ont produit une descendance nombreuse et variée.

La race hollandaise drapée paraît avoir été importée en Suisse, comme en Angleterre (Sommerset), et y avoir formé la race d'*Appenzell*, de pelage noir, avec une large bande blanche autour du tronc. Cette bizarrerie pourrait bien aussi résulter de croisements et avoir été entretenue par le caprice des éleveurs. Cette race passe pour assez bonne laitière et engraisse assez facilement.

La race *de Schwitz*, l'une des plus anciennes de l'Europe, a le pelage d'un brun noir enfumé, avec les oreilles, les reins, le tour des yeux et de la bouche, l'intérieur des cuisses, de couleur jaunâtre ; ses formes sont assez arrondies, et elle est regardée comme la meilleure laitière de la Suisse. Elle est grande mangeuse cependant, et s'acclimate difficilement sans perdre quelques-uns de ses caractères de conformation et une partie de ses qualités. Elle a donné naissance aux sous-races : d'*Argovie*, très-estimée pour la vitesse de son allure et sa résistance à la fatigue ; du *Wallangen* (vallée du canton de Neuchâtel), assez semblable à la précédente, mais de taille moins élevée et d'une aptitude moins laitière ; d'*Aigle*, plus petite encore, mais plus rustique, particulièrement apte au travail et qui réussit bien dans l'exportation ; d'*Ensiedeln*, conservée pure par les religieux du couvent de ce nom : elle a la taille moyenne et le pelage café au lait, on la regarde comme assez bonne laitière ; du *Hasli* (montagne très-élevée), fort semblable à notre bretonne du Finistère : sa taille est très-petite, sa robe brun luisant avec le ventre et le cou enfumés : elle passe pour excellente laitière, eu égard à sa consommation ; on la trouve au sommet des Alpes, presque jusqu'à la région des neiges éternelles ; du *Simmenthal*, de pelage jaune brun, de taille élevée, médiocre au travail et à l'étable, mais dont les femelles sont assez bonnes laitières.

La race de *Berne* forme le second type suisse ; son pelage est pie rouge ou quelquefois noir, avec la tête longue et forte ; le reste du squelette et surtout les membres assez forts, la taille très-élevée. Un bœuf de cette race, tué à Reims pour le sacre de Charles X et âgé de cinq ans, mesurait 1^m,95 de hauteur au garrot (de Valcourt). Moins laitière que celle de Schwitz, cette race n'engraisse que médiocrement, mais elle travaille assez bien. La sous-race de *Fribourg*, de mêmes taille et pelage, a les formes plus grêles et plus fines, la poitrine plus ample ; elle engraisse plus facilement, mais donne moins de lait. Une variété dite de *Lugano* habite le Tessin ; elle paraît tirer son origine de celle de Berne : son pelage est gris de fer plus foncé sur les reins et plus clair sous le ventre. Les femelles sont exportées chaque année, en grand nombre, pour l'Italie, où elles pourraient bien avoir formé une race toscane qui lui ressemble pour le pelage, les formes, l'aptitude, et qu'on rencontre dans les duchés de Lucques, Modène, Toscane, etc.

Quant aux bêtes à laine, « le petit nombre qu'en renferme « la Suisse, dit M. Moll, appartient aux races communes ; « ce sont, d'ailleurs, en partie, des troupeaux de passage ou « transhumants : le Nord seul possède quelques troupeaux « mérinos. Le produit en laine est, en général, peu impor- « tant ; l'élève de seconde main et l'engraissement sont les « principales spéculations. Si l'on en excepte les énormes « moutons bergamasques qui viennent estiver sur les hauts

« alpages des Grisons, du Tessin, du Valais, les autres bêtes
« à laine ne sont que de taille moyenne, parfois même pe-
« tite (*Rapp, sur la prod. des bestiaux*). » Nous avons dit
que les chèvres augmentaient de nombre et tendaient à se
substituer aux bêtes à laine.

Une forte partie de ce bétail est élevée pour l'importation
ou engraissée de bonne heure pour la consommation na-
tionale ; les bœufs de haut poids sont exportés en France,
en Allemagne ou en Italie. On élève surtout dans les cantons
d'Appenzell, du Tessin et des Grisons. On engraisse peu, et
presque toujours à l'herbe, dans les pâturages de montagnes
pendant l'été; quelquefois en hiver et à l'étable, dans les
plaines du nord. On distingue les pâturages des vallées pour
l'automne et l'hiver, et ceux de montagnes pour le printemps
et l'été. Quelques montagnes élevées fournissent des pacages
au bétail, en différentes stations d'altitude, de juin à octobre,
c'est-à-dire pendant cinq mois. Les vaches laitières, réunies
en troupeaux, partent à la montagne vers les premiers jours
de juin, sous la conduite d'un vacher, d'un fromager et de
son aide; elles restent ainsi nuit et jour au pâturage, excepté
pendant les tourmentes. Deux fois par jour, le vacher les ra-
mène au chalet pour les abreuver et les traire. Il faut, en
moyenne, 2 hectares 70 de pâturages alpestres pour une
vache. Ces animaux, dans la montagne, donnent, en moyenne,
6 litres par tête et par jour, dont il faut 76 pour produire
10 kilog. de fromage façon gruyère valant, en moyenne,
50 fr. les 100 kilog. Souvent il s'établit, dans la montagne,
des fromageries particulières ou des fromageries sociétaires qui
achètent le lait, ou bien encore des fruitières communales.

« L'engraissement, dit M. Moll, n'est généralement qu'ac-
« cessoire, et n'a lieu qu'avec des bœufs de trait ou des va-
« ches laitières réformées, ou encore avec des génisses qui
« ne promettent pas de devenir de bonnes vaches laitières,
« et des bœufs de trois ou quatre ans châtrés, après avoir
« servi pendant quelque temps à la monte. » Cet engraissement, comme nous l'avons dit, se fait presque constamment

au pâturage dans les parties centrale et méridionale; dans le nord, il se fait aussi l'été, avec des fourrages artificiels, et l'hiver, avec du foin, des racines, du grain et des tourteaux. Les vaches schwitz, grasses, donnent 3 à 400 kil. de viande nette; celles d'Appenzell, du Tessin, 140 à 250 kilog.; les bœufs bernois, de 6 à 700 kilog.; les vaches de Fribourg, de 350 à 400 kilog. On calcule en Suisse, toujours d'après M. Moll, qu'une vache à l'engrais ne mange pas plus qu'une vache laitière; or les 2 hectares 70 nécessaires par tête valent, en foncier, 250 à 800 fr., et se louent de 13 à 29 fr. Cet engraissement, qui n'est évidemment qu'une mise en chair, se fait sans soins particuliers; on cesse de traire la vache, on supprime le travail du bœuf et on les envoie au pacage avec les vaches laitières. Quelquefois, vers la fin de l'engraissement, on donne un peu de farine, de grain cuit, de tourteau ou de drêche avec un peu de sel. On engraisse depuis quelques années, dans l'Appenzell surtout, une certaine quantité de jeune bétail.

La Suisse exporte en France, pour l'abattoir de Lyon, un certain nombre de bêtes d'un engraissement plus complet que celui dont nous venons de parler; quelques têtes sont envoyées en Allemagne ou en Italie. Le Tyrol exporte, chaque année, un grand nombre de génisses et de vaches pour la Lombardie. Depuis quelque temps on importe, en revanche, des bestiaux bavarois et wurtembergeois.

Sous le rapport agricole, la Suisse, d'après l'excellent travail de M. Moll, doit être divisée en deux régions : 1° celle du sud et de l'est, au sud d'une ligne tirée de l'embouchure du Rhin dans le lac de Constance, passant par Lucerne, Fribourg et Lausanne, et qui suit le système de culture pastorale; 2° la partie au nord et à l'ouest de cette ligne, qui suit le système pastoral mixte.

La première de ces régions, composée de vallées profondes et étroites et de sommets élevés, jouit d'un climat très-varié avec l'altitude; les vallées renferment des prairies naturelles : tous les sommets sont en pacage. L'hiver, ce sont les vallées qui fournissent à la nourriture du bétail, au moyen des foins, regains et quelques racines; l'été, ce sont les montagnes. La culture arable n'est ici que l'exception; le bétail est le principal et presque l'unique but; aussi les terres et les prés ont-ils acquis une valeur importante (6,000 fr. dans l'Oberland). La seconde région se compose de collines et de plateaux peu élevés; le climat y est plus doux et plus égal, et permet la culture arable combinée avec les prairies artificielles et les racines. Dans le canton d'Argovie, l'irrigation des prairies est arrivée à une certaine perfection.

Le climat de la Suisse est très-variable en raison des différences d'altitude et d'abris. La région du sud est la plus humide en général, quoique la Suisse entière reçoive, en moyenne, au moins autant d'eau que la France. Les extrêmes d'été et d'hiver sont, en somme, plus marqués. A Genève, la température moyenne de l'année est de 9°,1 centigrades; les orages sont fréquents et les sécheresses très-rares.

Le sol présente aussi une grande variété : calcaire dans les cantons de *Schaffhouse*, *Schwitz*, *Soleure*, *Unterwald*, *Vaud*, et une partie de celui de *Fribourg*; granitique dans ceux d'*Uri* et du *Tessin*; siliceux dans les plaines d'*Appenzell*; calcaire dans les montagnes du même canton; schisteux dans celui des *Grisons*; argileux dans le plus grand nombre des vallées. Il est très-difficile de connaître les divisions de ce territoire par nature de culture. Les deux seuls cantons de Schwitz et Vaud possèdent à eux deux seulement l'estivage de 40,000 bêtes bovines, représentant plus de 100,000 hectares. Les cantons d'Uri, du Tessin, d'Appenzell, des Grisons sont non moins riches en pacages alpestres.

La culture arable, nous l'avons dit, est plutôt développée dans la région du nord-ouest; dans celle du sud-est, elle n'occupe guère que quelques coins et le premier échelon de quelques pentes. La première comprend les sept cantons de Schaffhouse, Zurich, Soleure, Berne, Bâle, Argovie et Turgovie. Celui de Schaffhouse s'adonne à la production des prairies artificielles et des racines pour la nourriture hivernale du bétail, pour le laitage et l'engraissement; aussi les races s'améliorent-elles sensiblement chaque jour. Il en est de même du canton de Zurich. Celui de Soleure possède les deux systèmes distincts, pastoral sur les sommités, arable dans les plaines. Le canton de Thurgovie, dans sa partie basse, est presque exclusivement consacré à la culture arable, des prairies, et à celle des vergers et de la Vigne. La haute Thurgovie est, de toute la Suisse, la contrée la plus riche peut-être, à ce point qu'on y fait deux récoltes par an, l'une de Lin, l'autre de céréales. Le canton d'Argovie est un des mieux cultivés et dont le sol est le meilleur. C'est dans cette région, surtout, qu'on fait un si habile emploi des engrais liquides.

La région du sud-est, nous le répétons, suit presque exclusivement le système pastoral pur. Dans l'Unterwald, le sol est couvert de pâturages pour l'entretien des vaches et élèves, et de prairies naturelles pour leur hivernage. La culture à la bêche fournit à l'alimentation des habitants. Il en est de même, ou à peu près, dans les cantons de Schwitz, Uri, Appenzell, des Grisons, du Tessin, de Vaud, de Fribourg, de Soleure et tous les autres cantons du sud. Dans l'Appenzell, de larges vallées, entre autres celles de la Ruz et de Travers, offrent un sol d'une inépuisable richesse, tandis que les collines et les côtes montagneuses produisent un vin renommé. Dans celui de Fribourg, le sol est généralement très-riche; il comprend environ 30,000 hectares de pâturages et autant de terres arables. Dans celui de Vaud, on suit l'assolement : 1° jachère, 2° Blé d'hiver, 3° Blé, c'est-à-dire l'assolement triennal pur; sur les bords du lac Léman, quelques cultivateurs font, 1° jachère fumée, 2° Froment, 3° Avoine, 4° Trèfle avec demi-fumure, 5° Froment. Dans le canton de Saint-Gall, Conrad Escher, en canalisant la rivière de Lint, qui inondait fréquemment ses rives et entretenait des marais insalubres, rendit, en 1816, à l'agriculture une riche contrée.

Sur le territoire helvétique, la culture arable, qui occupe

environ 1,500,000 hectares, n'en livre qu'à peu près 180,000 à la culture du Froment, qui, par un rendement de 4 hectol. 50 par hectare, en moyenne, produisent 810,000 hectol. de Blé, soit 40 litres 50 par habitant. La production de la viande est la ressource principale pour la consommation et l'exportation. La population est instruite, laborieuse, active et intelligente ; malheureusement son sol est rebelle à bien des améliorations, à cause de sa configuration et de son climat.

La Suisse, aussi, dut subir autrefois de grandes vicissitudes politiques : les Allemands, les Goths, les Francs, les Bourguignons l'envahirent tour à tour. Les Francs, au IVe siècle, y organisent des couvents, développent l'agriculture et encouragent les plantations de la Vigne sur le bord des lacs Léman et de Zurich. Au Xe siècle, les moines divisent leurs propriétés entre les serfs qu'ils chargent de les exploiter suivant une redevance. Beaucoup de familles nobles suivent leur exemple, et l'Helvétie voit renaître des jours prospères ; mais bientôt elle retombera sous la domination despotique de l'Autriche, dont Guillaume Tell l'affranchira en 1307. Toutefois la guerre entre les deux nations se continue jusqu'en 1389. Dès lors les Suisses font métier des armes pour quiconque achète leurs bras, et on les retrouve dans toutes les armées de l'Europe comme mercenaires. Leur caractère indépendant les pousse à de fréquentes révoltes intérieures, sous des prétextes politiques ou religieux. La liberté est le but qu'ils poursuivent et qu'ils n'atteindront qu'en se fédérant en république, au nombre de treize cantons d'abord, puis de dix-neuf (1803), et enfin de vingt-deux (1815).

M. de Fellemberg (1770-1844) fonda, pour les progrès de l'agriculture en Suisse, l'institut agricole de Hoffwyll (canton de Berne), qui subsiste, je crois encore, en partie. A Neuchâtel, le docteur Sacc occupe brillamment la chaire de chimie agricole de l'université. Nous citerons encore, dans le canton de Berne, l'école d'agriculture de la Rutti. N'oublions pas non plus que la Suisse a donné naissance à Pictet et Lullin de Châteauvieux, et que c'est encore dans ce pays que Mayer fit le premier connaître les usages agricoles du plâtre.

ÉTAT PRÉSENT

DE L'AGRICULTURE ET DU BÉTAIL

DANS LES CONTRÉES ALLEMANDES.

Sous ce titre nous comprendrons toute la confédération germanique, moins les possessions de l'Autriche et la Prusse, que nous avons étudiées séparément; c'est une superficie de 22,500,000 hectares environ, de configuration variée, traversée par de nombreuses chaînes de montagnes, sillonnée enfin d'une grande quantité de fleuves et de rivières. Ce territoire nourrit en bétail à peu près les quantités suivantes :

Espèce chevaline. . . 3,150,000 têtes;
— bovine. . . . 7,300,000 —
— ovine. . . . 8,100,000 —

soit ensemble l'équivalent de 11,260,000 têtes de gros bétail, ou environ 50 têtes 040 pour 100 hectares de superficie totale, presque autant que la Hollande, le double de l'Angleterre et la France. C'est que la nature et la configuration du sol, le climat et la plupart des circonstances économiques favorisent singulièrement le bétail. La population n'est que de 15,500,000 habitants, soit 68,7 par 100 hectares, tandis qu'en Belgique la même proportion est de 135,6. On consomme en Allemagne moins de pain et plus de viande, moins de lait et de vin, mais plus de bière qu'en France. Toutes ces causes ont fait de l'Allemagne proprement dite une contrée essentiellement productrice de bestiaux.

Le bétail à cornes y présente de nombreuses variétés se

rapportant aux deux types hollandais et suisse. Le premier revendique la race de *Hall* (Wurtemberg) , élevée dans les montagnes du Welsheimer ; elle est de robe baie avec la face blanche, de taille moyenne , de formes assez larges et saillantes. C'est une race mixte de lait, de travail et de graisse, et l'une des plus estimées parmi celles allemandes. La race d'*Anspach* (Bavière) , élevée dans les montagnes du Steiger, se rapproche assez de la précédente ; mais elle paraît avoir reçu du sang d'Eger ou du Voitgland. Elle est de robe pie rouge pâle , avec la tête blanche, de plus haute taille, de formes plus ramassées ; elle est moins rustique au travail, mais plus disposée à la graisse. Ces deux races , déjà si rapprochées, fournissent trois sous-races distinctes : celle du *Limbourg*, de robe isabelle, apte au lait, avec les femelles plus petites, tandis que les bœufs présentent une grande taille ; celle de *Hohenlohe*, pie rouge ou noir et plus rapprochée de la hollandaise ; enfin celle du *Neckar*, de haute taille, de robe brune, et qui, sans doute, a reçu du sang suisse. D'après M. Moll, du reste, la race d'Anspach serait due à un triple croisement des races hollandaise, frisonne et indigène, remontant à 1775. La race *wurtembergeoise*, petite , dont le pelage est brun avec la tête et les reins blancs, quelquefois rouan avec la peau souvent jaune, est bonne laitière et facile à améliorer pour la graisse ; cette race attira l'admiration de Royer dans son voyage en Allemagne. La race du *Glane* (Bavière rhénane) est, au contraire, la race de prédilection de M. Villeroy. Sa robe est d'un bai de diverses nuances, isabelle, lavée ou mélangée de bai et d'isabelle, jamais noire ni pie ; il ne leur reproche qu'un défaut de conformation : la croupe est courte et parfois avalée. Les bœufs travaillent bien , engraissent parfaitement, et leur viande est d'excellente qualité ; les vaches sont, en outre , considérées comme bonnes laitières. La race du *Westerwald* (Nassau) est très-constante ; sa robe est d'un rouge vif, avec la face, le ventre et le bouquet de la queue blancs ; sa taille est petite, sa conformation très-bonne. Les bœufs sont rustiques au travail et prennent bien la graisse ; les femelles sont bonnes laitières. La race de l'*Eiffel* (duché du Bas-Rhin) est analogue à nos races bretonne et des Vosges, à la suisse du Hasli, à l'anglaise du Ayrshire : petite, osseuse, chétive, elle est bonne laitière, s'engraisse bien, donne de bonne viande et beaucoup de suif. Sa robe est pie noir ou pie rouge.

Le type suisse de Fribourg paraît avoir donné naissance ux races de l'*Odenwald* (Hesse-Darmstadt et Starkembourg) : ꞁbe isabelle, taille moyenne, presque petite, basse sur ambes : les vaches sont très-bonnes laitières et les bœut travaillent bien; du *Westerwald* (Nassau) : elle est très-constante; sa robe est rouge vif, avec la face, le ventre et le bouquet de la queue blancs. Sa taille est la même que la précédente, et sa conformation est très-bonne. Les bœufs sont rustiques au travail et prennent bien la graisse; les femelles sont bonnes laitières. La race *franconienne* ou du *Rhœen* (Franconie et Thuringe) est de taille moyenne, de pelage bai de diverses nuances, bien conformée pour prendre la graisse. C'est une des plus anciennes races de l'Allemagne et des plus constantes : sa destination presque spéciale est la boucherie; elle est peu rustique et médiocre laitière, mais d'un engraissement prompt et facile. La race du *Vogelsberg* (haute Hesse), fort semblable à la précédente, est cependant plus petite, rustique au travail; elle est moins bonne à l'étable : son pelage varie du rouge au brun. La race du *Mont-Tonnerre* (Hesse rhénane) est de pelage blanc ou isabelle clair, semblable à celui de notre race nivernaise; son squelette est très-volumineux et sa poitrine sanglée : elle est médiocre laitière, dure à l'engrais et mauvaise au travail.

M. Villeroy a, depuis longtemps déjà, croisé la race du Glane par celle de Berne, et il en paraît très-satisfait sous le double rapport du lait et de l'aptitude à produire de la viande. En 1841, sa vacherie lui donnait, en moyenne, 2,900 litres par tête et par an, et la vache nette, croisée berne-glane, donnait 3,870 litres.

Les bêtes à laine composent en Allemagne une fraction

importante et sérieuse du bétail; la production des laines
fines ou au moins mi-fines y gagne, chaque jour, du terrain.
Sur les 8,100,000 têtes, on compte plus d'un million de mérinos purs et quatre millions de métis. Généralement, la race
commune est de taille moyenne, haute sur jambes, rustique,
mais tardive et dure à engraisser ; sa laine est abondante et
longue, mais grossière : cette race commune porte le nom
de *Landschaft* (race du pays). Dans les marsches du Hanovre,
on rencontre une grande race bonne laitière produisant
d'assez bonne viande, à laine longue et assez fine, analogue
à la race du Texel ou à celle de la Flandre ; elle porte le nom
d'*Eiderstœdt*. Celle des sables, semblable à la race bretonne,
sobre, rustique et de très-bonne viande, porte le nom de
Haidschmukes.

L'économie de ce bétail, quoique laissant à désirer en
quelques points, est généralement bien entendue. Nous allons emprunter à d'excellents ouvrages, l'*Agriculture allemande* de Royer et le *Rapport sur la production des bestiaux*
de M. Moll, les faits intéressants qu'ils nous révèlent sur la
zootechnie de ces contrées.

Wurtemberg. A Hohenheim, la ration d'entretien des vaches laitières et moutons est fixée à 1^k,666 de foin pour 100
de poids vif, et celle de production à 3^k,333. La race wurtembergeoise, à laquelle on ne peut reprocher que la peti-
tesse de sa taille, est bien conformée, fine de sa nature et
bien préférable, selon Royer, à celle du Simmenthal. C'est
dans le cercle du Neckar qu'on trouve les plus beaux bestiaux dont nous avons mentionné la race spéciale, et dans le
cercle du Jaxt que se trouve le bétail le plus nombreux et en
même temps assez remarquable. L'élevage et l'engraissement sont la spéculation principale dans le Wurtemberg, qui
ne se suffit pas pour sa propre consommation en beurre ou
en fromage. Dans la forêt Noire, on élève et on dresse les
bœufs de trait ; les contrées situées au pied des montagnes
font l'élève de seconde main et se livrent à l'engraissement
au moyen des résidus de brasseries, moulins et distilleries

de Pommes de terre. Cette spéculation de la graisse est générale dans les vallées du Jaxt, du Kocher, les environs de
Hall, Gaildof, Waldembourg, Kupferzell, etc., avec les races
de Hall et d'Anspach. On y pratique aussi la laiterie sur une
grande échelle (Moll). Les moutons, à Hohenheim, sont de
race mérinos qu'on croise par le dishley ; mais le troupeau
était mal dirigé. Les bêtes à laine, du reste, sont très-acces-
soires dans ce royaume

Dans la *Bavière*, l'industrie du bétail est moins bien entendue. Le bétail à cornes appartient aux races d'Anspach
et du Simmenthal ; quelques-uns des bœufs de trait sont
de race podolienne. Les moutons se divisent en race indigène, en mérinos purs et métis.

Bavière rhénane. Dans le centre montagneux du Glane,
qui doit son nom à une petite rivière dont la source est près
de Hombourg, on élève les bêtes à cornes de la race renommée que nous avons décrite, tandis que le pays des
Deux-Ponts et le Mont-Tonnerre élèvent et engraissent en
même temps. L'Eiffel, sur ses côtes arides, nourrit aussi,
nous le savons, une race spéciale. Les moutons diminuent
progressivement en nombre, et on abandonne l'élevage pour
l'engraissement d'été au pâturage, et d'hiver à l'étable avec
foin, racines, graines, et surtout résidus d'usines (Moll).

Le *Hanovre,* dont la surface, surtout à l'ouest, est couverte
de nombreux marécages, nourrit beaucoup de vaches laitières, et engraisse des bœufs achetés dans le centre et l'est,
où le pays est pauvre et sablonneux et où on élève généralement. Nous avons déjà parlé des moutons des marsches
(Moll). Le *Holstein* se livre plus spécialement à l'élevage du
cheval, dont la race locale est connue ; peu de bétail à
cornes et de moutons. Il en est de même de la plus grande
partie du *Mecklenbourg.* La *Saxe* possède aussi un assez
grand nombre de chevaux appartenant au type wurtembergeois. Le bétail à cornes fait partie de la race d'Eger ou du
Voitgland, très-bonne travailleuse et dont les femelles sont
bonnes laitières. La laiterie est une spéculation générale.

Les moutons mérinos tiennent aussi une place importante, et leur éducation vers la laine fine est communément pratiquée avec soin et avec habileté.

Le *grand-duché de Baden* est couvert d'un bétail nombreux, surtout dans la chaîne de la forêt Noire, « où il forme « souvent, dit M. Moll, l'unique branche de revenu du culti- « vateur. Toutefois, même dans la plaine du Rhin, où règne « la petite culture et où la production des plantes écono- « miques a pris une si grande extension, le bétail est loin « d'être négligé..... Proportionnellement à la superficie, la « plaine a autant de bestiaux que la montagne. » Les bras- seurs, meuniers, bouchers, seuls, engraissent à l'étable et pendant l'hiver. La spéculation principale est dans l'élève. L'*Oldenbourg* est un petit centre d'élève et d'engraissement des bêtes à cornes et des moutons, surtout dans le pays de Birkenfield ; ce sont surtout des animaux des races hollan- daise, du Mont-Tonnerre et du Glane. Les bêtes à laine sont de la race commune. Enfin le *Nassau* est, après le Wurtem- berg, le Holstein, le pays le plus riche en bétail, surtout dans la chaîne du Westerwald, tandis que la chaîne du Tau- nus, moins élevée, se livre davantage à la culture arable. I bétail à laine est concentré dans la vallée de Lahn et une partie du Taunus, mais en petit nombre (Moll).

L'engraissement d'embouche, en Allemagne, a lieu de la même manière qu'en Normandie ; les bœufs ont de trois à quatre ans lorsqu'ils sortent des herbages des bords du Rhin. Sur les bords de la Lippe et de la Rühr, on engraisse des vaches qui viennent, en grande partie, de l'intérieur. Le petit district de Dortmund engraisse, chaque année, plus de trois mille de ces dernières. Dans les bons fonds, on compte 45 ares d'herbages pour l'engraissement d'une vache de 160 à 190 kilog. ; sur les bords du Rhin, 85 ares sont considérés comme nécessaires à un bœuf de 300 à 350 kilog. Ces ani- maux sont, d'ordinaire, achetés à l'automne, nourris au sec pendant l'hiver, et mis, au mois de mai, dans les herbages, où ils restent de cinq à six mois ; dans ce long temps, ils ont gagné en valeur de 95 à 135 fr. par tête. (Moll.)

Dans le Westerwald, un bœuf engraissé, à l'étable, de foin, Avoine, Pommes de terre, Navets gagne ainsi de 100 à 115 fr. de valeur. Dans le Mont-Tonnerre, cette somme s'élève de 150 à 162 fr. par tête, c'est-à-dire que les profits bruts sont de $0^f,55$ à $0^f,96$ par jour ; mais ajoutons que l'engraissement s'arrête toujours au mi-gras et ne dure que cent à cent cinquante jours. L'engraissement des moutons se fait sur les chaumes ou dans les herbages ; quelquefois, en hiver, au foin et aux racines : ils acquièrent en valeur de $4^f,32$ à $6^f,45$ par tête. Le lait des vaches se vend de 6 à 10 centimes le litre. (Moll.)

Les contrées allemandes exportent une notable quantité de bestiaux d'élève et de graisse pour la France, la Suisse, la Prusse, l'Autriche et même l'Italie ; il vient, en moyenne, par année, plus de cent mille moutons allemands sur les marchés de Paris, plus quelques bœufs, sans compter la consommation d'une partie du nord-est et de l'est : en revanche, elles importent des bœufs, des vaches et de jeunes élèves de la Suisse et de l'Autriche.

Ce climat de l'Allemagne, comme celui de la Suisse, est très-variable suivant la position des chaînes de montagnes, le nombre et la direction des cours d'eau, l'altitude des plateaux, etc. Près de cinq cents cours d'eau arrosent ce vaste territoire et lui fournissent des moyens de transport et d'immenses pâturages. Pour apprécier l'agriculture de ces contrées diverses, il nous faut les étudier suivant leur division politique.

Le *Wurtemberg*, presque tout entier, formé de sols calcaires, n'est granitique que dans la forêt Noire ; ce territoire est généralement riche et bien cultivé. Royer y distingue trois sortes d'agriculture bien distinctes : 1° viticole aux environs de Stuttgard ; 2° fourragère dans la basse Souabe, roulant principalement sur l'assolement triennal, avec jachère occupée par des racines, des fourrages, des plantes oléagineuses, etc.;

3° l'agriculture triennale pure de la haute Souabe. Entre
Stuttgard et Ulm s'étend une immense plaine formée d'un
loam argilo-calcaire, que Royer appelle la Brie wurtembergeoise, et dont l'agriculture laisse beaucoup à désirer. Outre
l'impôt foncier, le cultivateur paye encore la grande dîme ou
dîme des céréales à l'État, et la petite dîme sur les récoltes
fourragères au clergé. Ces trois impôts lui enlèvent près de
la moitié de son revenu net. La superficie de ce royaume se
divise ainsi : terres labourables, 800,000 hectares ; prés et
pâturages, 50,000 hect. ; forêts, 1,000,000 hect. ; surface
inculte, 70,000 hectares. L'instruction est générale parmi le
peuple, ainsi que l'éducation et le goût de l'agriculture. Sur
la population de 1,600,000 habitants, on comptait, en 1832,
106,000 laboureurs.

La *Bavière* se divise en deux grandes formations géolo-
giques ; l'une au nord du Danube, plaine formée de calcaire oolithique, muschelkalk, grès bigarré et autres dépôts
quartzeux ; au sud de ce fleuve, des dépôts tertiaires. Dans
la région montagneuse, le sol est médiocre, tandis qu'il est
très-productif dans les vallées et les plaines basses. Au nord du
Danube, les terres sont généralement légères, tandis qu'au
sud elles sont argileuses et tenaces. Les cercles du haut Danube, du haut et bas Mein, de l'Isar et de la Rezat sont les
mieux cultivés et ceux qui produisent le plus de céréales.
L'irrigation y est mise en pratique avec soin et habileté ; et
a servi à créer de nombreuses prairies. Presque partout encore, c'est l'assolement triennal pur qui domine ; dans quelques fermes, le Trèfle, les racines, le Lin et quelques fourrages tendent à se substituer à la jachère. Le Houblon,
l'Orge partagent le sol avec le Blé, le Seigle, l'Épeautre et
l'Avoine. Le bétail est moins soigné que dans le Wurtemberg, et l'instruction moins répandue est remplacée par la
superstition. Ainsi, en 1820, plus de dix-huit mille cultivateurs allèrent en pèlerinage avec leurs bestiaux à Griesbach ;
et, l'année suivante, plus de trente mille, pour conjurer une
épizootie.

La *Bavière rhénane* se divise aussi en deux régions, l'une montagneuse, formée de grès bigarré et vosgien ; elle occupe le centre du nord au sud, tandis qu'à l'est et à l'ouest gît une large bande de calcaire. Les bords de la rivière du Glan, où on élève la race de ce nom, sont formés de prairies tourbeuses. Les bords du Rhin sont constitués d'un riche loam d'alluvion.

Le *Hanovre* est en partie inculte ; il renferme trois régions : 1° à l'ouest, les marsches ou marais, herbages très-riches, mais soumis à des inondations fréquentes ; 2° au centre, les landes de Lunebourg, Werden, Meppen, etc., entre l'Elbe, le Weser et l'Ems; 3° le Harz, région montagneuse et boisée, à sol calcaire. La première est consacrée au bétail ; la seconde, à la culture du Seigle ou Sarrasin, des Pins et des Pommes de terre. Le *Holstein* et l'*Oldenbourg* sont des contrées généralement plates, dont le niveau est un peu plus bas que celui de la mer, dont elles sont garanties par les légères élévations qui bordent le littoral. Le sol est généralement siliceux et médiocrement riche, si l'on en excepte le bord des rivières; le sous-sol est formé de craie. L'intérieur renferme beaucoup de marais, tandis qu'au sud ce sont de vastes landes de sables. Le bétail à cornes et les chevaux couvrent en grand nombre les prairies et pâturages qui occupent une notable partie du sol ; le Houblon, le Lin, le Chanvre, le Colza et les céréales utilisent les terres arables. Les moutons ne sont nombreux que dans le Humling, plaine siliceuse très-élevée; mais ils appartiennent à la race commune. La principauté de Birkenfeld, en grande partie couverte d'herbages et de pâtures, est encore un centre important de production des bestiaux. La *Saxe* repose sur un sol très-diversifié 1° de granit, dans l'espace compris au nord de l'Elbe, sur une longueur de 80 kilomètres et une largeur moyenne de 36 ; 2° de grès, au sud et sur les deux rives de l'est ; 3° de calcaire reposant sur ce même grès, en une étroite bande à l'ouest; 4° schisteux entre Schneeberg et Zovickau; et 5° enfin houiller aux environs de Leipsick.

L'*Altenbourg* est, en partie, composé d'un loam argileux, et le *Voitgland* d'un sol calcaire. La culture y est en retard encore, et suit, comme dans une grande partie de l'Allemagne, l'assolement triennal pur ; mais les façons sont généralement soignées, les prairies bien conduites, surtout dans la vallée de l'Elster.

Le *Nassau* est traversé par les chaînes granitique du Westerwald et calcaire du Taunus; la vallée de la Lahn est argilo-siliceuse. Le sol est généralement d'une médiocre fécondité. Dans le Westerwald, les prairies sont assez nombreuses et bien arrosées; dans la chaîne du Taunus, c'est la culture arable qui domine, et elle y est assez bien entendue. Le *duché de Baden* comprend la chaîne de la forêt Noire à sol granitique et qui suit le système pastoral, et la plaine du Rhin livrée à la petite culture des plantes industrielles et même du Raifort sur une assez grande étendue. Le Schwarzwald, dont le versant occidental fait partie de ce duché, est, en partie, calcaire. Sa superficie, de 1,500,000 hectares, se subdivise à peu près ainsi qu'il suit : terres arables, 630,000 hect. ; prairies, 180,000 hect. ; forêts, 600,000 hect., vignes, 40,000 hect. ; terres incultes et pâturages, 50,000 hect. : c'est une des plus riches, quoique des plus petites contrées allemandes. Le *Mecklenbourg*, formé presque tout entier d'un sol siliceux reposant sur la craie, quelquefois sur le grès ou l'argile, est généralement médiocre en fertilité, excepté au nord et au nord-ouest. Le centre est composé de plateaux élevés qui retiennent de nombreux lacs. Le Schwerin suit le système pastoral presque pur, et le Strelitz le système pastoral mixte.

La *Hesse*-Darmstadt comprend les monts du Vogelsberg, de l'Odenwald et de Mont-Tonnerre; son sol est, en grande partie, constitué de schiste, moins les alluvions du Rhin, riches et loameuses. La Hesse rhénane est, en partie, aussi, formée d'alluvions de ce fleuve et, en partie, granitique; la Hesse électorale est, en majorité, couverte de sable reposant sur la craie. L'Odenwald et le Vogelsberg suivent la culture pas-

torale; le Mont-Tonnerre et une partie de la plaine font la
laiterie et l'engraissement avec le système pastoral mixte.
Dans la Hesse électorale, la culture arable occupe à peu près
la moitié du sol. Le *Brunswick* rassemble presque toutes les
natures du sol : d'alluvions argileuses, au nord ; calcaires,
à l'est ; de grès bigarré, à l'est et l'ouest ; de marnes irisées
et gypse, au centre ; de schistes, près de Blankenbourg ; d'argile, près de Kolwerde ; de sable, près de Thedinghausen.
Le bétail à laine y est, même proportionnellement, moins
nombreux que le bétail à cornes, quoique la culture arable
y conserve encore une certaine importance par les céréales,
la Navette, le Tabac, le Houblon, la Chicorée et la Garance.

Les contrées allemandes, on le voit, se distinguent par la
variété des sols et des climats, par l'instruction et l'industrie
du bétail. Le sol y présente de grandes alternatives de richesse et d'altitude : inépuisablement fécond sur les bords
du Rhin et de l'Elbe, sur le littoral, dans les vallées et quelques vastes plaines ; utilisé en succulents pâturages sur les
premières pentes des montagnes, dont plusieurs sont abruptes
et élevées. N'oublions point la Vigne, qui y donne des produits universellement estimés. La consommation de viande
est communément à peu près la même qu'en France ; soit,
dans la Hesse, 19^k,160 ; en Bavière, 17^k,567 ; et celle du laitage, moins élevée qu'en Suisse, en Hollande et en Belgique,
est encore notable cependant.

En outre de l'instruction générale si communément répandue, l'instruction agricole a reçu aussi de grands déve-
loppements, et l'Allemagne, sous ce rapport, a donné
l'exemple à la France. Les instituts d'Hohenheim (*Wurtemberg*), de *Schleisheim* (Bavière), Tharant (Saxe), Geisberg
(Nassau), Tieffurth (Saxe-Weimar), Dusseldorf, etc.; les écoles
pratiques d'Ellwangen, Ochsenhausen ; les fermes expéri-
mentales, les chaires d'agriculture annexées aux universités
de Tubingen, Munich, Celle, etc., en sont la preuve. Ces
divers établissements ont exercé sur l'agriculture allemande
une grande et favorable influence, en formant des régisseurs

de vastes domaines et en instruisant les propriétaires eux-
mêmes, en même temps qu'ils répandaient dans toutes les
classes de la société le goût de l'agriculture.

ÉTAT PRÉSENT

DE L'AGRICULTURE ET DU BÉTAIL

EN SUÈDE, NORWÉGE ET DANEMARK.

L'agriculture des contrées septentrionales de l'Europe est
encore peu connue et offre un intérêt moins spécial que celle
des contrées que nous venons d'étudier. Un vaste territoire
est occupé par le royaume de Suède et de Norwége, qu'un
climat rigoureux, plutôt que la nature du sol et l'inhabileté
de ses habitants, place dans une position relativement bien
inférieure. Il n'en est déjà plus de même du Danemark, situé plus au sud et jouissant d'une température généralement
plus élevée et d'un climat plus humide.

Réunies, en 1814, sous le sceptre d'un prince français,
la Suède et la Norwége forment un immense État de 75 millions d'hectares de superficie, peuplé seulement de 6 millions
d'âmes. Cette nation simple, modeste et pauvre, possédant
peu de produits échangeables contre nos objets de luxe,
n'ayant qu'un sol médiocre et accidenté, sous un ciel rigoureux, s'est tenue jusqu'ici presque en dehors de la civilisation européenne.

Dans ce royaume, les cultivateurs peuvent se diviser en
1° paysans propriétaires jouissant de l'odelsret, ou retrait li-
gnager; c'est un droit par lequel les membres d'une famille
à laquelle des terres ont appartenu peuvent les revendiquer
au prix qu'elles avaient lors du rachat, pendant cinq ans,
pourvu qu'ils représentent à l'appui les titres de famille. Ce

droit n'est point nécessairement exprimé dans les actes de vente, et le père ne peut y renoncer pour ses enfants. D'après un autre droit nommé ansœdesret, l'aîné d'une famille peut s'emparer des terres dépendantes de la succession, situées à la campagne, à charge, par lui, de payer à ses cohéritiers leur part en argent, dans un certain délai donné. 2° Les selvejere, qui n'ont qu'un droit de propriété résoluble par l'odelsret; 3° les hausmaend, qui n'ont fait que louer le sol qu'ils cultivent, sous la condition, en outre, d'aller travailler chez le propriétaire toutes les fois que celui-ci en aura besoin; 4° enfin les hommes de profession, ouvriers et domestiques. (*Revue britannique*, novembre 1836.)

La superficie totale de 75 millions d'hectares se divise à peu près ainsi qu'il suit :

Terres cultivées. . . . . 4,300,000 hectares.
Prairies et pâturages. . . . . 820,000 —
Forêts. . . . . 47,000,000 —
Landes, montagnes, marais, glaces. 22,880,000 —

Le sol, généralement argileux, est peu profond et généralement ondulé ; certaines plaines de peu d'étendue, quelques plateaux, les vallées et le littoral jouissent d'une plus grande fécondité ; les provinces du sud, la Scanie surtout, se rapprochent sensiblement, par la nature et la richesse du sol, le climat et la végétation, de l'Allemagne et du Danemark. Les immenses plaines qui entourent les lacs de Mœlar et Hulmar, dans la province de Gothland, fournissent, en grande partie, des céréales au reste du royaume. La Norwége, qui, avant 1815, importait par an près d'un million de tonneaux de Blés étrangers, n'en achète plus maintenant, malgré l'accroissement de sa population, que 750,000 tonneaux environ, dont les deux tiers sont employés à la fabrication de l'eau-de-vie.

Le commerce de l'ancienne Scandinavie est plus florissant, à vrai dire, que son agriculture : la marine, la **chasse**, la pêche, les mines forment pour le royaume autant de lucratives industries ; les manufactures y sont peu nombreuses et n'occupaient encore, en 1851, que 25,000 ouvriers environ, dont la production annuelle est évaluée à 52 millions.

Le bétail est ainsi approximativement fixé :

Espèce chevaline. .	400,000 ;
Bêtes à cornes. . .	1,825,000 ;
Bêtes à laine. . .	2,500,000 ;

soit l'équivalent de 2,675,000 têtes de gros bétail, ou 28 têtes 45 par 100 hectares de superficie totale, 39 têtes 20 par 100 hectares de territoire cultivé, et 41 têtes 29 par 100 habitants.

C'est de la Norwége, croyons-nous, que nous sont venues les races anglaises du Ayrshire et de Jersey, et française du Finistère. La race indigène de la Scandinavie, sans doute descendue de celle de Hollande, est de très-petite taille, de pelage pie noir ou pie jaune, très-fine de squelette, rustique et bonne laitière relativement à son régime. L'espèce ovine, fort semblable à la race des Bruyères de l'Écosse, est, au contraire, assez grossière, et n'a d'autre mérite que sa rusticité, qualité précieuse déjà sous un pareil climat. Les mérinos introduits en Suède, en 1723, par Alstrœmer, n'y ont pas prospéré malgré les soins du gouvernement, qui avait fondé, en 1739, une sorte d'école de bergers destinée à accomplir la naturalisation de la précieuse race, sous la direction de l'habile Alstrœmer lui-même. Quelques petits troupeaux en stabulation ont été seuls conservés à grands soins, et seulement comme étude et curiosité.

Le Danemark, déjà un peu plus méridional, jouit d'une température plus favorable que la Suède et la Norwége (en moyenne à Stockholm, 6°,7 C. Pluie, 44 centim. cubes par année moyenne).

La superficie totale de 5,500,000 hectares environ est formée d'un sol profond de sables et d'argiles alternés et reposant sur un sous-sol crayeux ; les terrains tourbeux ne sont

pas rares non plus. La fertilité de ce territoire est généralement assez élevée et assez uniforme. La surface est presque
partout plane et sillonnée d'une multitude de canaux qui,
portant partout la richesse et la fraîcheur, ont permis de
convertir en prairies plus de la cinquième partie du sol na-
tional. Baignée par la mer sur un immense parcours de
côtes, la presqu'île jouit des mêmes avantages climatériques
que l'Angleterre, et les pâturages du Jutland, de la Fionie
et de la Séelande ne le cèdent pas toujours à ceux du Ches-
ter, du Lincoln et du Leicester. La partie orientale surtout,
appelée les Marsches, jouit d'une étonnante fertilité. Le
Holstein, le Schleswig et le Jutland, à moitié recouverts de
prairies et de pâturages, entretiennent un bétail renommé
dans toute l'Europe.

Le Lin, le Chanvre, le Tabac, les céréales se partagent les
terres arables et donnent de bonnes et abondantes productions. Le rendement moyen annuel des céréales est évalué à
16,250,000 hectolitres. La Pomme de terre, la Moutarde, le
Colza viennent encore se joindre, quoique dans une plus
faible proportion, à ces cultures qu'on peut évaluer ainsi :

Céréales.	1,850,000 hectares ;	
Cultures diverses. .	966,000 —	
Forêts.	120,000 —	5,500,000
Prairies.	1,210,000 —	hectares.
Pâturages, terres in- cultes, canaux. .	1,354,000 —	

Le bétail, de son côté, se compose comme il suit :

Espèce chevaline. .	300,000 têtes ;
Bêtes à cornes. .	1,100,000 —
Bêtes à laine. . .	1,700,000 —

soit l'équivalent de 1,570,000 têtes de gros bétail ; c'est
39 têtes 45 par 100 hectares de la superficie totale, ou 39,20
par 100 hect. de la superficie cultivée, et la population étant de
2 millions d'âmes, de 78 têtes 05 par 100 habitants. Nous
aurons occasion de revenir sur cette dernière proportion,

qui semblera bien élevée. La presqu'île danoise est essentiellement productrice de bestiaux, dont elle entretient un grand commerce avec la Hollande, la Russie et l'Allemagne.

L'espèce chevaline se divise en deux races : l'une noire ou baie, de haute taille, propre au carrosse, à la selle ou au trait moyen, c'est la race du Jutland ou du Holstein; l'autre, petite, vigoureuse, sobre et infatigable, c'est celle des îles de Fionie.

L'espèce bovine appartient aux types hollandais et frison, qui y ont formé trois races distinctes : *la race pure de Jutland*, de petite taille, de pelage noir, sans fanon, à poitrine resserrée, à bassin large par rapport à sa taille, et douée d'une assez remarquable aptitude au lait. Les membres sont courts, le squelette léger, la viande savoureuse, et la rusticité de ces animaux est merveilleuse. *La race d'Angeln ou de Geest* (Schleswig-Holstein) a le pelage noir, brun enfumé ou fauve; la taille petite, les os fins, les membres courts, la peau fine, le bassin large, les cornes relevées en arrière comme la chèvre, la poitrine tranchante : cette race est, comme la précédente, dont elle diffère assez peu d'ailleurs, destinée exclusivement à la laiterie. Enfin *la race de Breitenburg ou des Polders* habite les marais situés au sud du duché du Holstein, sur les rivages de la mer du Nord. Elle est pie rouge ou pie noire; sa taille est moyenne; ses os plus gros que dans les deux précédentes; ses formes plus amples; le fanon plus descendu, la poitrine plus large et plus profonde et le corps moins long : c'est une race destinée au travail, puis à l'engraissement.

L'espèce ovine fait partie, comme celle de l'Écosse, de la Suède, de la Norwége et du nord de la Russie, d'un type à taille moyenne, à ossature grossière, à cornes assez longues; à lainage droit et commun, rustique, sobre, et dont les agneaux et la toison forment à peu près les seuls produits. Les mérinos sont rares encore au Danemark, surtout dans les provinces septentrionales; on a tenté quelques croisements, dont les résultats n'ont point été très-encourageants.

L'économie de ce bétail présente peu de faits saillants. Les animaux sont élevés au pâturage pendant la belle saison, et nourris l'hiver avec de la feuille et des fourrages secs, naturels et artificiels; bien rarement des racines, si ce n'est la Carotte et le Rutabaga. Les vaches sont employées à la production du lait, que l'on convertit en beurre et en fromages; les bœufs travaillent de quatre à huit ans, puis sont mis en chair pour la boucherie et surtout les salaisons. La culture pastorale mixte régit presque tout le Danemark; aussi tous les champs sont-ils soigneusement enclos. L'élevage des chevaux et du bétail à cornes fournit ainsi un débouché avantageux pour les produits du sol.

ÉTAT PRÉSENT

DE L'AGRICULTURE ET DU BÉTAIL

EN ITALIE.

La patrie des anciens maîtres du monde, aujourd'hui bien déchue de son rang parmi les nations; la terre autrefois fière d'être déchirée par un laboureur couronné de lauriers, *gaudens vomere laureato*, la terre de Saturne enfin, a perdu sa fertilité avec ses héros.

Virgile a chanté ses prés et ses moissons; les laboureurs du XIXᵉ siècle pleurent son infécondité. Cérès, Pallas, les faunes et les nymphes ont quitté le ciel brûlant de l'antique Latium, de la verdoyante Mantoue, et, pour les retrouver, il faut s'aventurer dans les brumes de l'Angleterre, de l'Écosse ou de la Hollande.

> . . . . . Bacchus, Pallas,
> Pan, qui sur le Lycée ou le riant Ménale,
> Anime sous ses doigts la flûte pastorale,

sont seuls restés fidèles à la patrie des héros et des dieux et

4*

continuent de lui prodiguer leurs dons. Et c'est pour avoir
négligé le bétail, pour avoir méconnu les conseils de Caton,
que les cultivateurs italiens ont ainsi vu s'appauvrir leur sol.
Le *bene, mediocriter et male pascere* est encore de nos jours
le premier principe de la culture; mais étudions l'étendue
du mal, variable suivant les contrées, le sol et les pratiques
agricoles.

. Le bétail fut évidemment nombreux autrefois en Italie, si
l'on en juge par l'étymologie assignée à son nom même, tiré
de la beauté et du nombre des troupeaux qu'on y élevait, et
au mot *pecunia* (argent) dérivé de leurs troupeaux. Une
preuve encore, c'est que les amendes étaient toujours pro-
noncées et payées en bétail ; la plus élevée était de 30 bœufs
et 60 brebis. A cette époque aussi l'Italie produisait plus de
céréales qu'elle n'en consommait, particulièrement la Sicile
et la Sardaigne. Le bétail disparut au fur et à mesure que le
sol se morcela, et dès lors les produits diminuèrent successivement, au point de tomber de 20 à 4 pour 1. Ce fut bien
pis encore au siècle d'Auguste, où le territoire fut converti
en villas, créées et entretenues à grands frais; dès lors il
fallut recourir à l'Afrique, à l'Égypte et à la Sicile ; mais la
conséquence ne fut pas la même pour tout le territoire.

L'Italie, aujourd'hui morcelée en un grand nombre d'États
libres ou dépendants, s'étend sur 31,883,700 hectares environ, et sa population est d'à peu près 22,500,000 habitants,
soit 70 habitants par kilomètre carré. La Péninsule italique
comprend les royaumes sarde et des Deux-Siciles, les duchés
de Toscane, Parme, Lucques et Modène, les États pontificaux, etc. Le royaume lombard-vénitien, quoique sous la
dépendance de l'Autriche, n'en doit pas moins être joint à
l'étude de cette contrée.

Le climat de l'Italie est plus chaud que celui du midi de
la France ; la température moyenne de l'année varie de
15°,8 à Rome à 17°,5 à Palerme et à 16°,3 à Naples; il y
tombe, année moyenne, plus d'eau qu'en France : 0^m,95 à
Naples, 0^m,96 à Milan et 1^m,40 à Gênes. L'Italie appartient

presque en entier aux formations jurassique et volcanique ;
on y trouve pourtant à peu près toutes les natures de sols :
calcaire sur les territoires de Bellune, Vicence, Parme et
Plaisance; siliceux dans une partie du Milanais; argileux
dans le comté d'Este et le Frioul, etc.

Le *royaume lombard-vénitien*, d'une superficie de
3,840,000 hectares, est peuplé de 5 millions d'âmes environ, soit 130 habitants par kilomètre carré; il entretient

150,000 chevaux,
550,000 bêtes à cornes,
250,000 bêtes à laine,

soit l'équivalent de 19 têtes de gros bétail par 100 hectares
de superficie totale. Ce chiffre ne paraît pas en rapport avec
la densité de la population, mais il s'explique par la fécondité naturelle du sol secondée du climat et de l'irrigation.
On sait encore que les populations méridionales consomment
beaucoup moins de viande que les pays du nord.

Le gouvernement de Milan se divise en haut et bas Milanais ; c'est dans la première surtout de ces provinces que
l'agriculture est parvenue aux progrès les plus remarquables.
Le sol, généralement léger et graveleux, est sillonné de canaux d'irrigation qui portent partout avec eux la fertilité.
Les prairies occupent une étendue proportionnellement considérable et donnent jusqu'à quatre et cinq coupes par
année. Rien n'est comparable à la fertilité qu'offre la vallée
du Pô, dont les terres fournissent jusqu'à quatre récoltes
par an. Le produit des terres et des prairies est en partie
consommé par des vaches dont le lait sert à la fabrication du
fromage parmesan. Les prés, les rizières, les terres arables
soumises à une culture jardinière, les céréales, la Navette, le
Colza, la Vigne, le Mûrier y reçoivent des soins assidus et
donnent des produits exceptionnels. Aussi les bestiaux, le
fromage, le Riz, le Chanvre, le Lin, la soie, le vin forment-
ils la richesse de cette contrée, presque exclusivement culti-

vée par des fermiers et qui exporte, par année moyenne,
pour 8 millions et demi de draps, toiles et cotons.

Le gouvernement de Venise, l'un des plus petits de ce
royaume, présente, d'après le signor Quadri, la division suivante :

Terres arables et cultivables. . .	7,984 hectares.
Prairies.	1,567
Pâturages.	523
Bois.	178
Marais.	633
Collines et montagnes.	7,780
Landes désertes.	4,870
	23,535

Le *grand-duché de Toscane* est moins favorisé que la Lombardie ; les cours d'eau y sont moins nombreux, le sol y est
moins propre à la production des fourrages et moins riche :
aussi la population est-elle moins aisée et un peu moins
dense. Le voisinage des Apennins rend le climat moins favorable aux céréales, à la Vigne et surtout aux Oliviers, qui y
sont fort nombreux. La vallée de Nievole, entre Pistoïa et Lucques, arrosée par l'Arno, passe pour être la contrée la mieux
cultivée de la Toscane. On obtient, en général, cinq récoltes
en trois ans, et souvent sept en quatre ans. Voici, d'après
Yvart, l'un des assolements qui y sont suivis :

Première année, Blé suivi de Lupins enfouis ;
Deuxième année, Blé suivi de Raves et Trèfle incarnat ;
Troisième année, Maïs, Millet ou Sorgho.

Autrefois riche et très-peuplée, la Toscane est redevenue
ce que l'avait faite la nature. Beaucoup de terres abandon-
nées se sont couvertes de bois ; les eaux, n'étant plus rete-
nues et dirigées pour les irrigations, ont formé des marais
pestilentiels. L'un de ceux-ci, nommé les *maremmes*, s'étend,
entre Sienne, Pise et Livourne, sur une longueur de 172 kilomètres. De grands travaux de desséchement ont été exé-

cutés, de 1828 à 1832, pour assainir ce foyer d'émanations mortelles ; la culture terminera cette œuvre. La superficie du grand-duché de Toscane est de **2,120,000** hectares , et sa population d'environ **260,000** habitants, soit **123** habitants par kilomètre carré.

Les *États de l'Église* occupent une superficie de **4,363,000** hectares environ ; leur population est de **2,800,000** habitants, soit **64** par kilomètre carré. Les détails statistiques nous manquent à peu près sur ce gouvernement, mais non les renseignements pittoresques et économiques anxquels nous ferons une large part. Divisés en quatorze légations ou provinces, les États pontificaux reposent sur des terrains de nature et de fertilité diverses. La campagne de Rome, que les peintres ont coutume de nous faire aride et désolée , nourrit cependant à peu près la moitié de l'Italie, en outre de 5 à 6 millions de francs d'exportation en grains et bétail; encore pourrait-elle produire bien davantage si la propriété y était différemment constituée et si des travaux d'art venaient soustraire ses habitants à la mal'aria dont **M.** Hébert nous a fait un si poignant tableau.

« Il est presque sans exemple, dit **M.** Ch. Didier, qu'un « grand seigneur romain ait dérogé jusqu'à mettre le pied « sur ses terres. Voilà comment cela se passe : un prince « ou duc possède dix, vingt fiefs, quelquefois plus; on les « afferme à une classe de gens appelés marchands de fer- « mes, *mercanti di tenute :* or ces entrepreneurs terriens ex- « ploitent en grand et de loin l'industrie agricole ; ils vivent « dans les villes en gentilshommes et se font représenter « dans les champs par des facteurs, *fattori*, ou intendants, « qui eux-mêmes ont leurs représentants subalternes dans « les argousins, *caporali.* »

« Tant que le prince Borghèse, dit **M.** Fulchiron, dans « son *Voyage dans l'Italie méridionale* , possédera « **22,000** hectares; les princes Pamphile et Chiji, chacun « plus de **5,000**; le chapitre de Saint-Pierre et l'hôpital du « Saint-Esprit, de plus vastes surfaces; tant que soixante-

« quatre corporations s'en répartiront 75,000, et cent treize
« familles romaines 126,000, le genre de culture actuelle
« subsistera. Les moyens d'exploitation manquent pour de
« pareils fermages, même dans les pays les plus salubres.
« Ainsi comment surveiller exactement tous les détails des
« travaux, comment tirer tout le parti possible d'une
« tenance de 8,600 hectares, située à Campo-Morto, et dont
« M. de Tournon a donné la description ? Chaque année,
« elle a besoin, pour ensemencer, de 1,000 hectolitres de
« Froment et de 420 d'autres grains, produisant, à raison
« de 9 pour 1 pour le Blé et de 15 pour les autres semen-
« ces, 15,300 hectolitres. La culture exige 320 bœufs attelés
« à 65 charrues ; 250 autres bœufs sont mis annuellement
« à l'engrais, et 800 vaches et 100 buffles pâturent sur les
« jachères ; 2,000 moutons les parcourent aussi. Il faut
« 100 chevaux pour monter les surveillants et pour le
« transport des denrées. La ferme nourrit également 250 ju-
« ments et leurs poulains ; elle réunit, pour les semailles,
« 400 ouvriers étrangers, et 800 à l'époque de la moisson.
« Cette immense propriété, malgré son luxe apparent de
« produits, ne s'affermait cependant, en 1820, que 13 fr.
« l'hectare, et pourtant le prix du Blé était à peu près le
« même qu'en France, 20 fr. l'hectolitre. »

D'après le système qui vient d'être exposé, on comprend
que les *mercanti di tenute* doivent posséder de nombreux
capitaux pour faire face à l'exploitation de ces immenses
biens ; seulement, comme les baux ne sont que de neuf années, ils se bornent à l'exploitation pure et simple du sol, et
ne songent ni aux desséchements ni aux autres améliorations. Du reste, nous allons emprunter à M. Eugène Pelletan quelques curieux détails sur cette culture de la campagne romaine.

Au centre des terres s'élève la ferme divisée en casale,
grand bâtiment crénelé, aux portes à mâchecoulis, logement
des domestiques et des facteurs ; en écuries voûtées, renfermant quelquefois 40 à 50 chevaux. Au-dessus de la salle et

des écuries se trouve le logement du mercante; puis c'est tout, avec quelques hangars couverts en chaume. Le bétail couche à la belle étoile. Au dehors c'est la campagne; pas de jardins, pas de haies, pas d'arbres.

Il y a dans la ferme deux sortes d'ouvriers, les uns attachés à l'année, les seconds temporairement enrôlés pour la semaille ou la moisson. « Pour les ouvriers qui demeurent « sur les domaines, il y a des attributions rigoureusement « fixées des emplois véritables et des grades. On a fait au- « tant de fonctions spéciales que d'ordres de travaux : il y « a d'abord les fonctions de gardes, qui parcourent et pro- « tégent la propriété. Ce sont ordinairement des repris de « justice; ils errent dans les macchies, le fusil à l'arçon de « la selle, pendant qu'à Rome on les juge par contumace. « A côté des gardes se placent les divers corps de cette ar- « mée agricole, les *vaccari*, vachers, *carettieri*, charretiers, « *porcari*, porchers, et *vergari*, bergers, tous exclusivement « tenus à une seule occupation. Chaque escouade a ses « *capis*, ses maîtres, ses contre-maîtres, etc. » Les troupeaux de buffles servent presque exclusivement aux charrois; ils pâturent dans les bas-fonds submergés. Les porcs vivent dans les broussailles, les bois de Chênes-liége et d'Yeuses, quelquefois au nombre de 400 pour une seule ferme. Les chevaux et les vaches sont gardés sur les pâturages par des domestiques à cheval. Les troupeaux ne passent que l'hiver dans la maremme; aux premières chaleurs, ils émigrent dans la montagne. Les seuls produits de ce troupeau sont les agneaux et la laine; on n'élève ni n'engraisse pour la boucherie.

La charrue employée est l'ancienne araire latine, dont le travail sur la *pastorizzia*, jachère, doit être précédé de l'enlèvement et du brûlis des ronces, buissons, etc. **100** charrues quelquefois sont réunies sur la même friche (1). On

_____

(1) Aux époques du labour et des récoltes, des **particuliers se rendent**

donne presque successivement six labours croisés en tous sens; après avoir brisé les mottes à la pioche, faute de herses, on sème le Blé : en janvier on le chausse avec la terre du fond du sillon, et, au printemps, on le sarcle. Enfin arrive la moisson. « 1,000 à 1,200 moissonneurs, échelon-
« nés sur une ligne d'une demi-lieue, inclinés, la faucille à
« la main, font tomber devant eux une épaisse muraille de
« Blé, tandis que les femmes circulent dans ces larges brè-
« ches pour amasser les javelles et empiler les gerbes. Lors-
« que les Blés sont coupés, on les transporte sur une aire
« immense et solidement construite. On amène ensuite des
« chevaux attelés quatre à quatre : un homme, au centre
« de l'aire, les tient par une corde et leur fait décrire une
« marche circulaire. Les épis s'affaissent au pied des ani-
« maux, se tassent et laissent échapper le grain. On vanne
« ensuite le Blé et on le rentre dans les magasins du ca-
« sale. » (E. PELLETAN, *Florence, Rome et Naples. — Démocratie pacifique* des 21 novembre, 8 et 9 décembre 1844.)

Les Marais Pontins occupent, sur la partie la plus méridionale des États de l'Église, entre Terracine, Rome et Velletre, plus de 30 milles de longueur sur 10 au moins de largeur. « On a tenté bien des fois, dit le P. Labat, de dessécher ces
« marais... Les empereurs romains, qui se faisaient gloire
« de forcer la nature, n'ont pas été plus heureux que ceux
« qui y ont pensé d'une manière plus modeste, et, après y
« avoir dépensé des sommes immenses, ils ont eu le cha-
« grin de voir qu'ils avaient travaillé inutilement. Depuis la

---

dans une place publique auprès de Rome, avec cent, deux cents, trois cents paires de bœufs; arrivent ensuite les propriétaires, qui en louent un certain nombre et les conduisent sur leurs possessions, souvent à 8 ou 10 milles. Alors, dans l'espace d'une seule journée, on exécute toute l'opération de la saison. En un jour on laboure, en un jour on sème, on moissonne et on récolte en un jour. Ces travaux de l'agriculture ressemblent à des coups de main qu'on va faire dans les campagnes (Dupaty, *Lettres sur l'Italie*, LXXVI°).

« ruine de l'empire romain jusqu'au pape Sixte V, on ne se
« souvient pas qu'on ait fait aucune tentative considérable
« pour réussir dans ce dessein. Ce pontife..... vint sur les
« lieux en 1585 et fit tirer un canal à qui on donne le nom
« de fleuve Sixte, qui passe presque par le milieu de ce
« grand marais, et qui se devait décharger dans le golfe de
« Terracine..... La mort l'arrêta. » (*Voyage en Espagne et
en Italie,* t. VI, p. 25.)

En 1778 cependant Pie VI reprit l'entreprise de Sixte V,
mais sans la mener à fin, de même que la plupart des papes
qui lui ont succédé jusqu'à ce jour.

Le Blé et des pâturages, voici comment est presque exclusivement recouvert le sol de l'Agro romano. Dans le Bolo-
nais, le Ferrarais, une partie des provinces de Ravennes et
de Forli, le Chanvre se joint aux céréales. Dans les gouvernements de Viterbe et de Spolette, aux environs de Civita-
Castellana et de Rieti, on cultive le Tabac. Le Millet, le Maïs
et, dans quelques contrées du littoral, la Canne à sucre
complètent les cultures générales dans les États pontificaux.

Les *duchés de Parme, Modène et Lucques* occupent ensemble une superficie de 1,188,700 hectares environ habitée par un million d'âmes. « Il est difficile, dit M. Valery,
« de traverser le duché de Lucques sans être frappé de la
« variété, de l'agrément des sites, de la richesse des collines
« couvertes de Vignes, d'Oliviers, de Châtaigniers, et sans
« admirer surtout l'intelligence laborieuse des Lucquois,
« gens modérés, subtils, bons cultivateurs, et qu'on pour-
« rait surnommer les Normands de l'Italie. Cette étonnante
« prospérité agricole, cette population qui, d'après la su-
« perficie du sol, est la plus nombreuse de la terre, prou-
« vent l'avantage de la petite propriété, car presque tout le
« monde et les montagnards même y possèdent; chaque
« année, pendant les mois d'hiver que la culture reste sus-
« pendue, la cent cinquantième partie de la population
« émigre et va se livrer à de rudes et lucratifs travaux dans
« la maremme de Toscane ou dans les îles de Corse et de

« Sardaigne, d'où elle rapporte de nouveaux capitaux qui
« ajoutent à l'aisance des familles. »

Le royaume des Deux-Siciles occupe une surface de
10,558,500 hectares environ habitée par 8 millions d'âmes,
soit 76 habitants par kilomètre carré. Son sol aujourd'hui,
comme au temps des Romains, est doué de la plus grande
richesse, celui de l'île de Sicile proprement dite, surtout;
seulement les mœurs et les lois devraient supporter de grands
changements. Près de 50,000 moines et religieuses comptent dans la population, outre un nombreux clergé régulier,
lequel est propriétaire du tiers des biens-fonds, dont les deux
autres tiers sont presque en entier dans les mains de la noblesse. L'Aloès, le Cactier-raquette, la Pastèque, le Dattier,
le Grenadier, la Canne à sucre végètent merveilleusement
sous le climat de cette île favorisée de tant de façons par la
nature. « Le Safran est la seconde marchandise (la manne
« la première), dit le P. Labat, que la Calabre produit en
« abondance : il s'en fait une grande consommation dans ce
« pays et dans toute l'Italie; on en porte même en Espagne
« et à l'Amérique espagnole..... Si on ajoute à ce que je
« viens de marquer les vins excellents que ce pays produit
« en abondance, les Blés, les Riz, les légumes, l'huile, la
« soie, les laines, les chevaux, le soufre, l'albâtre et le cris-
« tal de roche, ne doit-on pas estimer ce pays comme un
« des meilleurs du royaume de Naples, mais peut-être de
« tout le monde (1)? »

Suivons, dans un voyage agricole en cette île, un agro-
nome plus moderne, M. de Gasparin, qui en a pu étudier
la culture : « Toute la côte de Messine à Catane, la magni-
« fique ceinture de l'Etna, la plaine de Palerme et un rayon
« de terrain immédiatement autour de chaque ville ou vil-
« lage sont soumis à la petite culture. Là chaque champ est
« entouré de haies de Figuiers d'Inde (*Cactus opuntia*) char-
« gés de leurs beaux fruits; chaque champ a son réservoir

(1) *Voyages en Espagne et en Italie.* — Paris, 1730, t. V, p. 323-325.

« d'eaux pluviales, à défaut de son petit cours d'eau. Ce
« sont de riches jardins de Citronniers ou d'Orangers, de lé-
« gumes, etc., et surtout le Haricot, que l'on cultive en se-
« conde récolte après le Blé. Que si le terrain ne peut re-
« cevoir aucune irrigation, la Vigne et les Oliviers, plus ra-
« rement le Mûrier, couvrent le sol de leurs ombres..... Les
« grandes propriétés, au contraire, n'offrent que l'aspect de
« la nudité et du désordre ; de vastes surfaces sans arbres,
« où le Chardon dispute au Froment sa subsistance , voilà
« le trait général, sauf de faibles exceptions en faveur de
« quelques terrains où des étrangers ont introduit la cul-
« ture de la Vigne (*Marsala*), ou bien ceux où l'on fait al-
« terner le Blé et le Coton, et où l'on a planté le Sumac.

« L'intérieur de l'île est un plateau formé de montagnes
« tertiaires à pentes assez douces..., de manière que la cul-
« ture s'étend partout de la base au sommet. Ces terres sont
« des loams d'une excellente nature , gras et inclinant à
« l'argile, mais faciles à manier et à diviser. » Entre Catane
et Syracuse, le sol appartient aux calcaires secondaires ; c'est
la Provence méridionale, moins l'industrie de ses habitants.
Les terrains volcaniques sont divisés en petits enclos et reçoivent des soins qui en font le siége d'une bonne culture.
« On emploie, en Sicile , continue M. de Gasparin , trois
« modes d'exploitation pour mettre les terres en valeur :
« 1° la culture dirigée par des agents pour le compte des
« propriétaires ; 2° le fermage à prix d'argent ; 3° la culture
« à Borgesi ou à métairie. Le premier mode se rencontre
« rarement, peu de propriétaires ayant les capitaux néces-
« saires pour l'exploitation, et ceux qui les ont ne voulant
« pas en courir les chances..... Le fermage à prix d'argent
« est plus fréquent...., de 13 à 20 fr. par hectare ; sur quoi
« le propriétaire doit payer les impôts, qui sont de 30 à
« 60 pour 100 du prix du fermage. L'exploitation par mé-
« tairie est la plus ordinaire ; le propriétaire fournit la terre
« et la semence, mais le métayer fait tout le travail , et l'on
« partage la récolte en nature. Or il y a des positions où la

« distance des marchés et les mauvaises routes rendent
« tous transports de denrées impossibles; alors on aban-
« donne la culture, pour cesser de payer l'impôt, qui excède
« le produit.

« L'assolement général consiste à semer la terre en Blé
« la première année; la deuxième, on sème un peu d'Orge
« dans les meilleures terres, et des Fèves autant que le per-
« met la quantité de fumier dont on dispose; la troisième
« année, le terrain reste en pâturage. Les terres à Blé oc-
« cupent, en Sicile, plus de la moitié de la surface du sol,
« dont un tiers est en production chaque année. » (*Journal
d'agric. prat.*, avril 1840.)

Entre Naples et Salerne, s'étendent aussi des maremmes
qui possèdent, en moins que celles de Rome, la fécondité ;
elles servent, à quelques troupeaux de bœufs et de buffles,
de pâturages pendant l'hiver. Nous prendrons pour guide
maintenant un judicieux économiste, M. L. de Lavergne,
qui a publié, en 1842, des études fort intéressantes sur ce
royaume. « Le royaume de Naples, dit-il, n'est pas un pays
« naturellement manufacturier ; sa véritable richesse est
« agricole...; la moitié des terres environ est cultivée au-
« jourd'hui : on peut évaluer à la moitié de ce qui reste ce
« qui peut être encore livré à la culture. Si les efforts combi-
« nés de l'administration, des capitalistes et des travailleurs
« pouvaient parvenir à tirer parti de cette plaine immense
« de la Pouille appelée la Tavolière, où le roi Alphonse
« d'Aragon a introduit, il y a quatre siècles, le régime meur-
« trier de la *mesta* aragonaise, ce serait un résultat infini-
« ment précieux..... M. Fulchiron évalue le rendement ac-
« tuel de l'hectare moyen à 120 fr. Il y a des points où ce
« rendement est déjà bien supérieur; il est de 260 fr. dans
« la Campanie, et de 460 fr. aux environs de Naples. Le to-
« tal annuel de la production agricole est maintenant d'en-
« viron 600 millions. » (*Le royaume de Naples*, en 1841. —
Revue des Deux-Mondes, 1842. — 4ᵉ série, t. Iᵉʳ, p. 576-
615.)

Les États sardes se composent de provinces en général pauvres, si on en excepte le territoire de l'ancienne république de Gênes; le sol est assez riche, et c'est au caractère de l'habitant, plutôt qu'à l'infécondité du terrain, qu'il faut s'en prendre de l'état arriéré de l'agriculture de cette contrée. La superficie des États sardes est d'environ 7,048,000 hectares et sa population de 4,500,000 habitants, soit 64 habitants par kilomètre carré. « On peut, dit « M. J. Reynaud, diviser la végétation de la *Sardaigne* en « trois régions dont les caractères sont assez constants : 1° la « partie montueuse où la végétation est analogue à celle de la « Corse ; 2° la partie maritime septentrionale où elle est ana- « logue à celle de la Provence; 3° la partie maritime mé- « ridionale où elle est analogue à celle de l'Algérie.

« En général, le pays est admirablement propre à la cul- « ture. Le Froment en particulier y réussira à merveille. On « y cultive beaucoup d'Orge parce que la population, qui est « très-pauvre, s'en nourrit en partie. Les habitants de la « montagne se nourrissent même de pain de Glands comme « avant Cérès. Peu de pays conviennent mieux à la culture « de l'Olivier. Plusieurs cantons fournissent des vins dont « la renommée commence à se répandre en Italie. Les Ci- « tronniers et les Orangers y donnent des fruits de première « qualité; le Tabac offre les plus grands rapports avec celui « de l'Espagne et de la Turquie. Les Cotonniers et les Cactus « à cochenille paraissent devoir prospérer dans les plaines « du midi. Enfin les montagnes renferment tous les bois de « construction nécessaires à l'industrie et même à la marine. « On évalue à un cinquième environ la partie de la surface « de la Sardaigne qui est couverte de forêts. Il n'y a pas « même un quart de la surface agricole qui soit en état « de culture. Une grande partie de la terre se trouve infé- « féodée, et cette circonstance, jointe à la misère du peuple, « entrave considérablement le travail. » (*Encycl. nouv. du XIXe siècle*, art. SARDAIGNE)

L'île de Sardaigne entretient de nombreux troupeaux; en 1824, elle nourrissait

> 47,000 chevaux,
> 244,000 bêtes bovines,
> 1,045,000 bêtes ovines,
> 186,000 bêtes porcines;

soit l'équivalent de 418,000 têtes de gros bétail, et, pour une superficie de 2,200,000 hectares, 15 têtes 30 par 100 hectares. Sur une population humaine de 500,000 âmes, on trouve 16,500 familles de bergers, composées de 85,000 individus.

Le comté de Nice, qui formait l'ancien département français des Alpes maritimes, et dont Foderé a publié une étude remarquable, était à peu près divisé ainsi qu'il suit, d'après cet économiste :

	hectares.
Terres cultivées en céréales............................	3,305
— et plantées de Vignes et d'Oliviers..........	2,872
Terres plantées en Oliviers.	1,052
— en Châtaigniers et Caroubiers..............	355
— en Orangers et Citronniers..................	70
Jardins potagers..	55
Prairies naturelles......................................	582
— artificielles.....................................	95
TOTAL en hectares cultivés.......	8,386

Il évalue à 206,170 têtes les animaux d'espèce ovine, et estime comme il suit la production agricole :

Rente annuelle des pâturages........................		796,097 fr.
Revenus du bétail en agneaux............. 445,200 fr.		
— en laitage............. 315,332		1,063,868
— en laines............. 103,336		
— en engrais............. 200,000		
Ensemble...................		1,859,965 fr.

La province de Gênes est de toutes la plus fertile : sur une superficie de 61,000 hectares seulement elle récolte, année moyenne, 550,000 hectol. de céréales, 70,000 hectol. de

Châtaignes, et 170,000 hectol. de Pommes de terre et légumes, 700,000 hectol. de vin, 2,115,000 kilog. d'huile
d'Olive et 620,000 kilog. de cocons de vers à soie. En 1845,
elle entretenait

>   3,262 chevaux, ânes et mulets,
>   25,000 bêtes à cornes,
>   26,061 bêtes à laine,
>   955 porcs ;

soit l'équivalent de 31,000 têtes de gros bétail, ou bien près
d'une tête par hectare. (GUILLORY. — *Mém. de la Soc. imp.
et centr. d'agr.*, 4e série, t. XV, p. 142.)

Par tout ce qui précède on a pu apprécier la situation dans
laquelle se trouve l'agriculture italienne : un climat éner-
vant et qui, pour favoriser la végétation, doit être secondé
par des soins assidus ; la possession d'une grande partie du sol
par le clergé et la noblesse, et celle-ci regardant comme au-
dessous d'elle de s'occuper de son exploitation, ou encore
trop ignorante pour oser y hasarder ses capitaux ; l'incurie ou
l'ignorance des gouvernements morcelés et tiraillés, voilà
plus de motifs qu'il n'en faut pour expliquer l'état arriéré
d'une contrée autrefois si riche, aujourd'hui stérile sur bien
des points, malgré les efforts de la nature.

Il nous reste à dire quelques mots du bétail. L'espèce bovine peut être rapportée à trois types : 1° le type suisse de
Schwitz, race à laquelle appartient presque tout le bétail du
Milanais, acheté à grand prix aux foires de Lugano. A ce type
se rapporte aussi la race *parmesane*, plus grande que la précédente, plus haute sur jambes, mais moins large de formes ;
de même poil, mais moins laitière et plus apte à la graisse.
De la race de Hasli, appartenant à ce même type, paraît être
issue la race *tarentaise*, qui habite le versant italien des
Alpes, et dont le lait sert à fabriquer les fromages du mont
Cénis. Son pelage est noir ou gris ardoisé ; son poids vif, de
250 à 300 kilog.; sa conformation presque identique à celle
de la race de Hasli.

2° Le type suisse de *Berne* paraît avoir produit la *race toscane* du centre de l'Italie (Modène, Lucques, Toscane, etc.), par l'intermédiaire de la sous-race de Lugano (Tessin). C'est une race à la fois laitière et d'engrais.

3° Le *type hongrois* ou type primitif est celui auquel on peut le plus directement rapporter les races *romane* et *sicilienne*. La première se distingue par sa taille élevée, ses longues cornes étalées sur les côtés de la tête et relevées au bout. « Tous les bœufs des environs de Rome sont d'un « blanc sale ou couleur de soupe de lait; ils sont grands, ils « ont les cornes évasées et bien faites, et sont d'un grand « travail, quoiqu'il n'approche pas de celui des buffles..... « J'avais vu bien des laboureurs, mais je n'avais pas dit « qu'ils labouraient avec quatre bœufs attelés de front au « même joug..... Je crois qu'on ferait autant avec deux « bœufs qu'avec quatre attelés de cette façon; il faut pourtant « avouer que cela a l'air des attelages des chars de triomphe « des anciens Romains. » (Le P. Labat, *ut suprà*). D'après Grognier, cette race, dont la robe est gris foncé avec la tête et les reins bruns, change de poil quand elle émigre et prend le pelage blanc; les veaux de cette race naissent avec la robe rousse, et changent peu à peu de couleur. La seconde, la race sicilienne, est plus singulière encore par son cornage d'un mètre environ de longueur. C'est une race de travail, mais mauvaise laitière.

Quant aux animaux d'espèce ovine, nous manquons de renseignements à leur égard; une contrée aussi montagneuse doit cependant en entretenir une assez forte proportion; la majorité des troupeaux se rencontrent dans la Sicile et le sud de la presqu'île, et appartiennent au type espagnol plus ou moins pur.

Si nous cherchons à fixer approximativement la proportion du bétail de la Péninsule italique, il nous faudra prendre pour base les chiffres que nous avons cités pour le royaume lombard-vénitien, la Sardaigne, la province de Gênes, formant ensemble une superficie de 7,500,000 hectares et nourrissant l'équivalent de 1,155,000 têtes de gros bétail, proportion de 18 têtes 10 par 100 hectares de superficie totale. En gardant ces proportions, ou mieux encore en les abaissant à 15 têtes pour 100 hectares, l'Italie entière devrait entretenir environ l'équivalent de 4,782,585 têtes de gros bétail, qu'on peut approximativement diviser ainsi :

Espèce chevaline.	. . .	**700,000** têtes.
Espèce bovine.	. . . .	**3,280,000** —
Espèce ovine.	. . . .	**8,000,000** —

Nous devons faire remarquer que, dans les contrées méridionales dont nous faisons l'étude, le bétail acquiert généralement un poids peu considérable ; que le climat favorise moins qu'en France, par exemple, la végétation des fourrages ; que le sol montueux est, sur de vastes surfaces, rebelle à la culture et quelquefois même au pâturage. Les bêtes à laine augmentent dès lors de proportion aux dépens du bétail à cornes. Les circonstances précédentes nous expliquent encore pourquoi il ne faut pas trop s'étonner de l'infériorité numérique de l'Italie, de l'Espagne, etc., sous le rapport du bétail, si on les compare à l'Allemagne, à la Hollande, à la Suisse, etc.

Depuis la chute de l'empire romain, l'Italie, devenue successivement l'objet de l'ambition de l'Espagne, de l'Autriche et de la France, toujours entre la guerre civile et l'invasion, tomba nécessairement dans une décadence qui, interrompue par le siècle des Médicis et de Léon X, a continué jusqu'à nos jours, et dont se sont ressentis les arts, les sciences, les lettres et surtout l'industrie du sol. Malheureuse contrée à laquelle il ne manque que la paix et la sécurité pour enfanter des prodiges !

ÉTAT PRÉSENT

DE L'AGRICULTURE ET DU BÉTAIL

EN ESPAGNE ET EN PORTUGAL.

Peu de contrées offrent une surface plus tourmentée que l'Espagne, coupée en tous sens, mais surtout de l'est à l'ouest, par des chaînes de montagnes en général granitiques et calcaires, quelquefois siliceuses. Des vallées sillonnées de torrents ou de plaines plus ou moins étendues séparent ces sommets, dont les pentes sont quelquefois boisées, mais le plus souvent utilisées comme pâturages. Quelques plateaux, celui de Madrid surtout, sont fort élevés (566 mètres) au-dessus du niveau de la mer.

Toute la partie orientale de l'Espagne, depuis le versant des monts Ibériens, vers l'est, repose sur les terrains secondaires (grès rouge); ce sont les provinces de Murcie, Valence, Catalogne et Aragon. Le nord de l'Andalousie et le sud de la nouvelle Castille se rapportent à la même formation, ainsi que le centre de Léon et de la vieille Castille, tout le littoral nord de cette dernière province des Asturies et des provinces basques. Le sud-est de Léon et le nord de l'Andalousie appartiennent au terrain supercrétacé. Le reste de l'Espagne se rapporte aux terrains primitifs et de transition (granit, gneiss, micaschiste).

L'Espagne offre à peu près tous les climats, toutes les natures de sols, toutes les cultures : céréales, Riz, Safran, Chanvre, Olivier, Lin, Vigne, Oranger, Dattier, Lentisque, Palmier, Câprier, Cotonnier, Café, etc. Nous ne pouvons, du reste, mieux faire que d'emprunter, pour décrire cette magnifique végétation, la plume d'un historien auquel on doit une sérieuse étude économique sur cette culture, M. Ch. Weiss. « L'Espagne, dit-il, peut se suffire plus facilement à « elle-même que la France, l'Angleterre et l'Allemagne; « grâce à la merveilleuse fécondité du sol et à la variété des

« produits, elle réunit les productions de la zone tempérée
« à celle des tropiques. Le versant cantabrique présente la
« même végétation que le nord de la France, la province de
« Cornouailles et la principauté de Galles. Le versant lusi-
« tanique produit le Dattier, l'Oranger, le Limonier, et gé-
« néralement les mêmes végétaux qne l'île de Madère, les
« Açores, les Canaries et les autres îles de la mer Atlantique.
« Le versant méditerranéen produit l'Olivier, la Vigne, le
« Figuier, le Grenadier et tous les autres végétaux du Le-
« vant, de l'Archipel et de la Sicile. Le versant bétique ou
« africain, qui comprend tout le midi de la Péninsule,
« depuis les montagnes qui bordent l'Andalousie jusqu'à la
« mer, présente un aspect tout particulier. Lorsqu'on entre
« dans l'Andalousie par la Castille, il semble que l'on entre
« dans un monde nouveau ; ces mêmes montagnes, dont le
« versant septentrional est couvert de Thym, de Romarin et
« d'arbustes sauvages, produisent, sur le versant opposé, le
« Lentisque, le Kermès, l'Anagyris et les autres plantes mé-
« dicinales de l'Afrique. A partir de la Caroline (colonie
« fondée, en 1767, par Charles III dans la sierra Morena,
« entre Jaen, Cordoue et Séville), on trouve des bois entiers
« d'Orangers et de Citronniers. Là commencent à paraître
« le Cactus, l'Aloès, le Câprier, l'Astragale ligneux, la Giro-
« flée sauvage, le Palmier indigène, dont les cimes dépas-
« sent les plus hauts Oliviers, et qui occupe tout le terrain
« que ne lui dispute pas le laboureur. Sur les côtes de la
« Méditerranée, depuis Malaga jusqu'à Gibraltar, on peut
« cultiver la Canne à sucre, le Cotonnier, l'Ananas, le Café,
« l'Indigo, sans recourir à l'assistance des esclaves. Les vins
« de Xérès, de Malaga et d'Alicante sont célèbres ; rien
« n'égale la finesse des soies de Grenade. Les laines des trou-
« peaux mérinos sont d'une qualité supérieure ; les chevaux
« andalous sont à peine inférieurs aux chevaux arabes ! »
(L'*Espagne, depuis le règne de Philippe II jusqu'à l'avéne-
ment des Bourbons.* Paris, 1844.)

Les provinces de Léon, des deux Castilles, d'Aragon, d'Andalousie et de Murcie sont celles qui produisent le plus de Froment; celles de Biscaye, de Navarre et de Catalogne, surtout du Seigle; enfin celles de Grenade et Séville, de l'Orge et de l'Avoine. Le Lin constitue la production la plus importante de la Galicie; le Riz, celle de Valence et de la Catalogne. De toute la Péninsule, les deux plus riches contrées sont peut-être celles de l'Andalousie et de Valence; dans cette dernière, la Huerta (plaine qui entoure la capitale) est surnommée le jardin de l'Espagne. En Andalousie, pourtant, entre Séville et San Lucar, sur une largeur de 4 à 8 kilomètres, s'étend un marais (marisma) alimenté par des sources salées situées dans les montagnes. Une partie de l'Aragon (les bords de l'Èbre) produit en abondance des céréales, du Safran, du Chanvre, des Oliviers; le reste de la province est presque stérile et à peine cultivé. La Navarre, située au pied des Pyrénées, est montagneuse, mais coupée de nombreuses et riches vallées qui fournissent d'excellentes prairies. La Biscaye se trouve dans le même cas, mais se livre davantage à la culture arable; Bilbao, sa capitale, est l'entrepôt de toutes les laines qu'exporte l'Espagne. La Galice reçut la Pomme de terre à son arrivée du nouveau monde, et c'est de là qu'elle se répandit en Europe. Son sol siliceux convient admirablement à la culture du Maïs, du Seigle, du Sarrasin et du Châtaignier : c'est une des provinces les plus industrieuses. Les cultures pastorale et forestière se partagent les Asturies, tandis que la nouvelle et surtout la vieille Castille sont presque entièrement couvertes de landes sablonneuses. (Voir MALTE-BRUN, *Géographie.*)

Balbi évalue à 61,658,000 d'hectolitres la récolte annuelle de l'Espagne en céréales. Cette estimation, qui supposerait une culture arable d'au moins la moitié de la superficie du territoire, nous paraît exagérée; M. Moreau de Jonnès porte avec bien plus de raison cette évaluation à

17,860,000 hectol. Voici, du reste, comment se divise à peu près le territoire espagnol sous le rapport cultural :

Terres arables.	10,686,174	hectares.
Pâturages et prairies.	11,921,864	—
Cultures arbustives (Vignes, Orangers, etc.).	2,616,174	—
Forêts.	8,000,000	—
Terres incultes.	12,889,588	—
Superficie totale.	46,113,800	—

Malgré cette source imposante de richesses agricoles dans un sol riche, favorisé par des climats si divers, la cause la plus assurée de prospérité que possède l'Espagne repose dans son bétail. 18,500,000 moutons, dont 8 millions d'estantes et le reste soumis à la transhumance, produisent, chaque année, 36,000,000 kilog. au moins de laine estimée pour sa finesse. Cette pratique de la transhumance, qui remonte au xive siècle, est réglementée par un tribunal particulier qui porte le nom de Mesta. « La Mesta (équivalent du « mot français Méteil) signifie en général, dit Loudon, un « mélange de grains, et, dans un sens plus restreint, une « réunion de troupeaux. Cette réunion est formée par une « association de propriétaires de terres, et l'origine en re- « monte à l'époque de la peste de 1350. Le petit nombre « de ceux qui survécurent à ce fléau destructeur prirent pos- « session des terres laissées vacantes par la mort de leurs « précédents occupants ; ils réunirent ces nouvelles terres « aux leurs, en convertirent la presque totalité en pâtu- « rages, et bornèrent principalement leur attention au soin « et à la multiplication de leurs troupeaux. De là, les im- « menses pâtures de l'Estramadure, du Léon et d'autres pro- « vinces, et la prodigieuse quantité de terres incultes dans « toute l'étendue du royaume ; de là aussi, la circonstance « singulière de nombre de propriétaires possédant de vastes « domaines sans aucun titre régulier. »

Source de revenu tant que la guerre civile et étrangère troublait le royaume, la transhumance est devenue, de nos jours, un des plus puissants obstacles aux progrès de la culture. A la fin du XIIIᵉ siècle, en effet, nous voyons Alphonse le Sage défendre d'enclore les propriétés sur la route que devaient parcourir les troupeaux ; à cette époque, il était louable d'encourager l'éducation des troupeaux qu'on pouvait dérober par la fuite aux incursions des Maures ; il était prudent de ne souffrir aucun obstacle à cette fuite, même aux dépens de la culture, et cependant les propriétaires placés sur le parcours de la transhumance sont encore, de nos jours, sacrifiés aux propriétaires de troupeaux. Voici, au reste, comment est organisé ce régime :

A la fin d'avril, les troupeaux, divisés en bandes de 1,000 à 1,200, quittent l'Estramadure, l'Andalousie, le Léon et les deux Castilles, sous la conduite de deux bergers. Sur leur trajet, ces bandes pâturent sur une largeur de 80 mètres, véritables fléaux des provinces qu'elles parcourent. Arrivés dans la Biscaye, la Navarre et l'Aragon, les troupeaux sont distribués dans des pâturages qui leur sont réservés, et dont la Mesta paye la location aux propriétaires, après en avoir elle-même arbitrairement fixé le taux dans sa réunion annuelle. Vers la fin de septembre, les troupeaux redescendent dans les plaines, et alors a lieu la tonte. Les animaux sont réunis sous de vastes hangars au nombre de 40 à 50,000. M. de Laborde évalue à 14,000 le nombre de bergers sédentaires, et à 26,000 celui des transhumants.

Nous retrouverons en France, dans le département des Bouches-du-Rhône (la plaine d'Arles), cet usage de transhumance auquel sont soumis plus d'un million de bêtes ovines qui voyagent, chaque année, des bords de la mer aux montagnes de la Provence et du Dauphiné.

La race actuelle du mérinos d'Espagne comprend deux variétés : l'une, que nous avons introduite en France, le mérinos à laine fine ; l'autre, le chourros, le mouton commun, plus grand, plus allongé et plus haut sur jambes ; la tête et les pattes dégarnies de laine, et celle-ci, sur le reste du corps, plus droite, plus longue et plus grossière que dans la

race fine. Il y a aussi des troupeaux métis de ces deux races.
« Il y a, aux environs de Soria, dit M. de Lasteyrie, une race
« de mérinos d'une petite taille, qui ne sort pas du pays et
« dont la laine est fine. Ceux du royaume de Valence, qui
« ne voyagent pas, ont une laine fine, mais très-courte. Les
« moutons de Castille sont les plus grands parmi les mé-
« rinos ; enfin on trouve dans les montagnes une espèce
« particulière qu'on nomme *aconchada*. » (*Des Bêtes à laine
de l'Espagne*.)

L'Espagne n'est très-probablement que la patrie d'adop-
tion des mérinos, qui paraissent originaires du nord de l'A-
frique, soit qu'au xive siècle ils aient été introduits de ce
continent aux environs de Ségovie par le Maure Ben-Zéragh,
soit que vers 1350, après la peste et au moment où on s'oc-
cupait d'utiliser d'immenses terres incultes au moyen des
troupeaux, don Pèdre IV obtînt d'un roi maure un troupeau qui devint la souche de la race actuelle. En effet, les
Lusitans, anciens habitants de la Péninsule hispanique, se
couvraient de manteaux noirs, parce que telle était la couleur de leurs moutons, et aujourd'hui encore la Manche et
l'Aragon nourrissent des troupeaux presque entiers de moutons à laine noire, race sans doute indigène. Nous avons
rappelé ailleurs (1) les importations, en 1345 et 1464, de
moutons anglais de Cotswold, comme souche probable de la
race mérinos soyeuse de Mauchamp, obtenue en France par
M. Graux.

« Les bêtes à cornes de l'Espagne, dit Malte-Brun, sont
« peu nombreuses, surtout dans la Catalogne, l'Aragon, la
« Navarre et la Biscaye, provinces qui les tirent principale-
« ment de la France. Le centre de la Galice, couvert de pâ-
« turages, nourrit une grande quantité de bœufs ; ceux des
« Asturies sont excellents. Les vaches de ce pays sont une vé-
« ritable richesse ; leur lait est employé à faire des fromages et

(1) *Annales de l'agriculture française*, 5e série, t. Ier, p. 202, 1853.

« d'excellent beurre. D'innombrables troupes de bœufs, dont
« la beauté était en réputation chez les anciens, paissent en-
« core dans les gras pâturages de l'Andalousie..... Les mu-
« lets et les chevaux ont un peu perdu de la réputation dont
« ils jouissaient autrefois ; cependant on peut toujours citer
« les Asturies pour leurs petits chevaux vifs et légers, l'An-
« dalousie pour ses superbes coursiers, qui ont conservé
« toute la vigueur des races arabes, et ces deux provinces
« pour leurs robustes mulets. »

En 1826, le bétail de l'Espagne était, d'après M. Minano,
composé comme il suit :

Chevaux et mulets.............		624,141 têtes,
Bêtes à cornes..............		2,944,885 —
Bêtes à laine....... 18,687,159	} 23,874,827	—
Chèvres......... 5,187,668		
Anes.................		641,788 —
Porcs..............		2,728,283 —

dont le dixième environ, dans chaque espèce, appartenait
au clergé ; soit ensemble l'équivalent de 6,411,500 têtes de
gros bétail, ou 13 têtes 90 par 100 hectares de superficie
totale.

La population humaine a subi dans ce malheureux pays
bien des alternatives numériques ; aujourd'hui elle s'élève
à environ 14,000,000 d'habitants, soit 33 têtes par kilomètre
carré. Dans ce chiffre total il faut comprendre environ
150,000 ecclésiastiques, moines, religieux, etc., propriétaires d'une importante partie du territoire. En 1817, les revenus du clergé espagnol s'élevaient à 150,000,000 fr. Sous
Philippe II (1556-1598), quatre seigneurs jouissaient ensemble d'un revenu de 34,716,600 fr.; neuf autres possé-
daient, dans la Castille, la Catalogne, les royaumes de To-
lède, Valence, etc., ensemble, des revenus de 6,608,000 fr.
L'institution de la Mesta, celle des majorats et celle des biens
mainmortables sont les trois causes principales de l'abandon
dans lequel est plongée l'Espagne, et dont la dépopulation est
le résultat constant et infaillible. « Dans une grande partie
« de ce royaume, dit un publiciste compétent, le sol est

« prodigieusement fertile ; il payerait libéralement les
« sueurs de l'homme ; eh bien ! cette fertilité est souvent
« inutile, la terre produit vainement ! En l'absence de
« moyens de communication, des récoltes entières se per-
« dent parfois. Les malheureux qui sont trop accablés et que
« rien ne rattache au pays s'en vont ; l'émigration est peut-
« être un danger sérieux pour l'Espagne. Chaque année, de
« nombreux émigrants partent des côtes des Asturies et de
« la Galicie pour l'Amérique méridionale ; d'autres passent
« en Afrique. Il y a 40,000 Espagnols répandus dans l'Al-
« gérie, et, chose étrange, il en est ainsi lorsque l'Espagne
« pourrait nourrir une population double de celle qu'elle
« possède. » (Ch. de Mazades, *l'Espagne moderne*.)

Il y a loin de ce temps à celui où l'Ibérie fournissait, à
Rome, des cargaisons d'un Froment renommé ; des viandes
salées comparables à celles du Pont ; du vin, de la cire et du
miel ; des étoffes de fabrique phénicienne, où un bélier de
la Bétique se payait 1 talent (5,300 fr. de nos jours environ).
Après s'être placée, au XVIᵉ siècle, au premier rang des nations avec.Philippe II, elle en déchut successivement depuis
le règne de Philippe III, pour avoir préféré l'or, présent du
nouveau monde, aux richesses naturelles, source de prospérité durable que lui offrait de tous côtés son territoire.

Le Portugal nous présente un climat plus singulier encore que celui de l'Espagne ; les différences d'altitude, d'exposition, de proximité de la mer semblent en faire autant
de contrées distinctes. Les pays de plaines situés sur le littoral jouissent, chaque année, de deux printemps. « Le
« premier, dit Malte-Brun, commence en février ; la mois-
« son se fait en juin. Dès la fin de juillet, les chaleurs des-
« sèchent les plaines, l'herbe jaunit, les arbres languissent,
« et les plantes potagères ne doivent leur conservation
« qu'aux soins actifs des jardiniers. Vers la fin de septembre
« ou le commencement d'octobre, les régions basses se pa-
« rent d'une seconde végétation ; aux fleurs de l'automne
« succèdent tout à coup des fleurs printanières ; les prai-

6

« ries se garnissent d'une herbe jeune et fraîche ; les ar-
« bres semblent reprendre un nouveau feuillage, et les Oran-
« gers, qui refleurissent, donnent, au mois d'octobre, tous
« les charmes du plus beau printemps. L'hiver commence en
« novembre et règne jusqu'au mois de février. »

Ce royaume, que César appelait la Sicile de l'Espagne, ne
produit pas aujourd'hui, selon M. Balbi, de quoi satisfaire à
sa consommation ; il importe annuellement **1,700,000** hectolitres de céréales, dont un sixième seulement vient de ses
colonies. Les causes de cet état arriéré, nous les trouverons
dans l'élévation des impôts dont est frappé le sol, la possession d'une grande partie des terres par la couronne, le
clergé, les moines et la noblesse, qui se constituent des domaines privilégiés ; enfin, ici comme en Italie, comme en Irlande, l'absentéisme des grands propriétaires qui, aussi igno-
rants que peu soucieux de leurs intérêts, afferment leurs domaines à longs baux à des fermiers généraux qui eux-
mêmes sous-louent à des cultivateurs. Le nombre des jours
où l'on s'abstient de viande, et qui forment près du tiers de
l'année, n'a pas peu contribué non plus à faire négliger l'é-
ducation du bétail, à ce point qu'on sait à peine tirer parti
du laitage, et que les pâturages, dans beaucoup de provinces,
restent à l'abandon.

Sur une superficie de **9,783,200** hectares environ, le Portugal nourrit une population de **3,600,000** âmes, soit 36 habitants par kilomètre carré, un peu plus que l'Espagne ;
mais voici comment se divise une partie de cette population :

Clergé régulier	17,500	47,500	122,500
— séculier	30,000		
Propriétaires et rentiers	75,000		
Laboureurs propriétaires	120,000		601,000
— fermiers	169,000		
— journaliers	268,250		
Pâtres et autres domestiques de ferme	43,750		

Ces **47,500** moines, prêtres et religieuses possèdent un
revenu de **13,228,870** fr. distribués entre **360** couvents

d'hommes et **138** couvents de femmes; c'est environ le quinzième du revenu du royaume. Voici comment se divise le territoire au point de vue des cultures :

Terres arables.	5,282,928 hectares.
Pâturages et prairies.	1,076,152 —
Forêts.	1,956,640 —
Terres incultes.	1,467,480 —
Superficie totale.	9,783,200 hectares.

Cette même superficie nourrit le bétail suivant :

Chevaux, ânes et mulets.	400,000 têtes;
Bêtes bovines.	4,010,000 —
Bêtes à laine.	1,000,000 —
Porcs.	700,000 —

soit l'équivalent de **1,950,000** têtes de gros bétail, ou **19** têtes **90** par kilomètre carré; soit encore **54** têtes **12** par **100** habitants, proportion plus élevée qu'en Espagne, et due à la plus grande aptitude du sol à la production fourragère, à la moins grande aridité des chaînes montagneuses.

Le Portugal repose sur le terrain primitif (granit, gneiss, micaschiste), si l'on en excepte le nord des Algarves et de l'Estramadure, qui appartiennent aux terrains secondaires (grès rouge), et dont le midi repose sur le terrain tertiaire (supercrétacé); enfin l'Alemtejo, presque en entier, doit être rapporté à la formation secondaire (grès rouge et calcaire conchylien). Les provinces de haut et bas Minho, de Tras-os-Montes et de Beira se livrent presque exclusivement à la production des céréales, Blé, Maïs et Seigle; l'Estramadure, dont une grande partie est inculte, produit du Maïs, des Oranges et des Citrons. L'Algarve, encore plus abandonnée, ne donne guère qu'un peu de Blé, des Figues et des Amandes. L'Alemtejo est très-boisé et produit en abondance d'assez beaux Oliviers et surtout de magnifiques Châtaignes. Les vins portugais sont renommés sous les noms de Porto, Muscat, Torre-Vedras, et forment dans toutes les provinces un produit important. On exporte annuellement pour **500,000** fr. d'Amandes et de Figues sèches, pour 2 millions d'Oranges, et **47,000** pipes de vin; ensemble environ **44** millions.

« Les brebis, dit Malte-Brun, devraient être une source
« de richesse ; leurs troupeaux sont nombreux, surtout dans
« la province de Beïra, d'où ils émigrent l'hiver pour celle
« de l'Alemtejo : leur laine, moins fine que celle des brebis
« espagnoles, est cependant recherchée par les étrangers ;
« l'exportation des laines ne dépasse pas une valeur an-
« nuelle de 400,000 fr. Les chevaux sont inférieurs à ceux
« de la Castille et de l'Andalousie ; l'éducation des vers à
« soie et des abeilles est, pour ainsi dire, dans l'enfance. »

L'agriculture n'a jamais été bien florissante dans le Portugal, même malgré la protection de son roi Denis, sur-
nommé le laboureur (1279) et les efforts des derniers princes
qui l'ont gouverné. C'est ainsi qu'on a défriché les domaines
incultes de la couronne, qu'on a défriché des landes dans
l'Alemtejo, desséché les marais du bas Mondego, de Silva et
de Villa Nova ; qu'en 1756 le marquis de Pombal fonda la
société des vins du haut Douro. Mais, après avoir brillé un
instant au XVIe siècle par son commerce, et jeté au XVIIIe un
nouvel éclat, grâce au ministre intelligent de Joseph Ier, l'ancienne Lusitanie est retombée dans la même apathie que
l'Espagne.

ÉTAT PRÉSENT

DE L'AGRICULTURE ET DU BÉTAIL

EN ANGLETERRE, ILE DE JERSEY.

L'économie rurale de l'Angleterre est maintenant si bien
connue en France, grâce aux livres de MM. Caird, de Lavergne et Malézieux, que nous nous bornerons ici à comparer les faits et les chiffres tirés de ces travaux, avec ceux
des contrées que nous avons déjà étudiées, et à donner, en

revanche, quelques détails sur une île française par sa position, et néanmoins politiquement dépendante de l'Angleterre, celle de Jersey.

Quoique le climat de Londres et celui de Paris soient, à peu
de chose près, les mêmes (car la moyenne annuelle de température est de 10°,5 dans la première de ces capitales et de 10°
dans la seconde; il tombe, année moyenne, à Londres, 0$^{m.c.}$53,
et à Paris 0$^{m.c.}$56), celui de l'Angleterre est, en général, plus
tempéré et surtout plus humide que celui de la France; ceci
s'explique par sa position plus septentrionale et entourée de
tous côtés par la mer. Telle est, en grande partie, la cause
de sa supériorité agricole due surtout à l'incroyable aptitude
de son sol à la production des fourrages. L'Écosse jouit, ainsi
que l'Irlande, d'une température non moins favorable, si
l'on en excepte les districts des montagnes du nord. La
partie septentrionale de l'Angleterre proprement dite est
plus humide que les comtés du sud, et dans le Lancastre, à
Manchester, il tombe, par année, 1$^{m.c.}$,84 de pluie. Dans
l'Irlande et l'Écosse, dans les districts élevés surtout, l'hiver
est souvent rigoureux. Aux environs de Plymouth (comté de
Devon), la configuration et l'exposition des côtes forment
encore une plus heureuse exception, et permettent la culture
de quelques végétaux que l'on pouvait croire exclusifs au
Portugal. Enfin les îles Britanniques se trouvent placées
dans la zone des pâturages de printemps, d'été et d'automne.

Du reste, comme climat et comme sol, nous possédons, en
France, des contrées presque analogues à certains comtés anglais, et l'on peut justement comparer entre eux le Hamp-
shire et la Sologne avec la campine belge et le Brabant septentrional de la Hollande; le Devon et la Normandie avec le
pays d'Hervé (Belgique); le Derbyshire et le Limousin; le
pays de Galles et la Bretagne; le wash du golfe de Boston
avec les moères de la Flandre et les polders de la Belgique et
de la Hollande.

La contenance des trois royaumes unis est, en total, de

31,600,000 hectares environ, qui se subdivisent à peu près ainsi par natures de cultures :

	Angleterre.	Écosse.	Irlande.	Total.
	h.	h.	h.	h.
Terres arables.........	8,000,000	1,500,000	800,000	10,300,000
Prés naturels et pâturages..............	6,440,000	1,000,000	560,090	8,000,000
Bois et forêts..........	100,000	500,000	340,000	1,000,000
Surf. improduct. (villes, routes, canaux)......	1,460,600	4,540,000	6,300,000	12,300,000
	16,000,000	7,600,000	8,000,000	31,600,000

c'est donc, en masse, **77** hectares de prés et pâturages pour **100** hectares de terres arables. Cette étendue nourrit, d'après M. de Lavergne, le bétail suivant :

Espèce chevaline...	2,600,000	têtes ;
— bovine....	8,000,000	—
— ovine....	35,000,000	—
— porcine...	8,000,000	—

soit l'équivalent de **49** têtes par **100** hectares de superficie totale pour l'ensemble de la Grande-Bretagne. La population humaine est à peu près la suivante, d'après les derniers recensements :

Angleterre.......	14,000,000 habitants,	dont 3,700,000	cultivateurs ;
Écosse..........	2,600,000 —	— 650,000	—
Irlande..........	8,400,000 —	— 1,000,000	—
Totaux...	25,000,000 habitants,	dont 5,350,000	cultivateurs ;

soit, au total, **79** habitants par kilomètre carré, et **21,4** cultivateurs par **100** habitants.

Le droit d'aînesse, en Angleterre, a perpétué la grande propriété ; mais celle-ci n'a point pour conséquence la grande culture. Il est vrai que, dans les cinq comtés de Lincoln, Norfolk, Cumberland, Aberdeen, Sutherland et l'île Lewis, cinq grands propriétaires possèdent à eux seuls **535,000** hectares ; mais ces riches landlords, intelligents de leurs intérêts, se réservent près de leur château un home-farm de **100** ou **150** hectares, sur lequel ils font du highfarming, puis divisent le reste en fermes de 200 à 400 hectares qu'ils louent à d'habiles fermiers. On compte, en Angleterre, 200,000 fermiers cultivant, en moyenne, 60 hectares; en Écosse, 50,000 fermiers faisant valoir, en moyenne, 40 hectares; enfin, en Irlande, 500,000 fermiers cultivant, en moyenne, 2 hect. 50 ares.

L'Angleterre produit, en moyenne, 38,000,000 d'hectolitres de céréales, et elle en importe, année moyenne, aussi 1,200,000 hect.; elle produit, chaque année, 60,000,000 kilog. de laine, et elle en importe, en outre, 50,000,000 kilog.

Si nous parlons de la production en viande de boucherie, nous arrivons à des chiffres bien plus curieux encore. L'agriculture livre annuellement à la consommation :

En viande d'espèce bovine. .	500,000,000	kilog.;
— ovine. .	360,000,000	—
— porcine. .	800,000,000	—
	1,660,000,000	kilog.;

soit, par habitant, $66^k,400$. Ce chiffre n'est, en France, que de $31^k,140$; encore l'Angleterre introduit-elle proportionnellement un plus grand nombre d'animaux étrangers que la France.

Si la prospérité d'un royaume se mesure par les impôts que payent ses habitants, l'Angleterre est, à coup sûr, le pays le plus riche du monde : les droits sur la drêche s'élèvent à 117,357,900 fr.; ceux sur le Houblon, à 6,044,250 fr. Voici la progression suivie par la taxe des pauvres pour l'Angleterre seule :

En 1776.	. .	43,007,000 fr.
1819.	. .	221,700,000
1824.	. .	143,354,000
1836.	. .	160,350,000

c'est-à-dire que 55 personnes travaillent pour en nourrir 45. Dans certains comtés, celui de Bercks, par exemple, la pro-

portion des pauvres secourus va jusqu'à 83 sur 100 ; en
1833, on secourut en Angleterre 1,040,716 pauvres, soit le
1/19° de la population. En 1832, la taxe des terres s'élevait
à 29,608,500 fr., soit 0 fr. 94 c. par hectare ; mais, si nous
y ajoutons la taxe des pauvres pour une somme de
150,000,000 fr. seulement, nous arrivons au chiffre de 5,68
par hectare, tandis que l'impôt foncier n'est, en France, que
de 2 fr. 46 c.

David Low a trop bien décrit les races d'animaux domestiques de la Grande-Bretagne, et M. de Lavergne a trop profondément étudié l'économie de son bétail et de ses cultures,
pour que nous revenions encore sur ce sujet ; il sera plus intéressant de donner quelques détails sur une île anglaise
encore peu connue, détails recueillis par nous dans un
voyage que nous y avons fait en août 1853.

Située en face de la Bretagne et de la Normandie, à 24 kilomètres environ des côtes occidentales de la France, dont
elle fut quelque temps une propriété, l'*île de Jersey*, d'une
superficie d'à peu près 16,000 hectares, est occupée par
44,000 habitants, soit 275 par kilomètre carré. Cette île,
et celles de Guernesey et Alderney ou Aurigny, sont les
seuls débris de l'ancien duché de Normandie qui soient
restés aux mains des Anglais ; aussi ont-ils fait de tout temps
de grands efforts pour s'attacher cette population française
par l'origine et par le langage. Les lois en vigueur sont tirées
de l'ancienne coutume normande, et nul acte du parlement
n'a d'effet utile dans l'île s'il n'a été sanctionné par ses ma-
gistrats. Les impôts ne s'élèvent qu'à un chiffre très-minime ;
les droits d'entrée et de sortie sont à peu près nuls : joignez
à cela l'exemption du service militaire et l'établissement
d'un port franc, et il vous sera facile de vous expliquer l'état
florissant de cette île.

Jersey est divisée en deux villes et douze villages ou pa-
roisses ; les villes de Saint-Hélier, la capitale, et de Saint-
Aubin. Il y a à Jersey trente-huit cultes distincts, ce qui,
par amour-propre sans doute, entretient dans la population

l'esprit religieux ; quant à l'esprit politique, les anciens partis whig et tory sont remplacés par ceux plus pacifiques de la *Rose* ou du commerce, et du *Laurier* ou de l'agriculture, les deux grands intérêts en présence. Rien de plus propre, de plus joli, de plus coquettement gracieux que tout ce que l'on aperçoit dans cette île, rues, chemins, maisons, fermes, cultures : partout le confort uni au gracieux. On ne rencontre point de ces chaumières en ruines, de ces fermes couvertes en chaume, de ces chemins fangeux et dégradés qui affligent trop souvent, en France, l'œil du voyageur. Les cottages, dont l'extérieur est fréquemment repeint en rose, en jaune, en vert tendre, sont, même à la ville et excepté dans les rues commerçantes, précédés d'un jardin entouré de grilles et soigneusement entretenu de fleurs. Chaque propriétaire riverain est chargé de sa partie d'entretien du chemin qui le borde, et ce devoir n'est jamais négligé : on se croirait dans un immense parc entretenu par un lord généreux à grands frais.

Le sol de l'île est, en général, granitique ; mais la proximité de la mer a partout permis de lui fournir artificiellement le calcaire qui lui manquait et les matières organiques qui devaient compléter sa puissance productive. Certes, cette île est prospère et ses habitants sont industrieux, et cependant on est surpris de voir couler à la mer, dans l'ancien port de Saint-Hélier, toutes les matières fécales, les eaux d'égout et les débris d'abattoirs de la ville, que la marée entraîne ensuite au loin.

Quoique sortie de presque toutes les nationalités, la population jersiaise s'est glorifiée d'appartenir à la Grande-Bretagne, avec laquelle elle a bien plus de rapports commerciaux qu'avec la France. A Saint-Hélier, tout le monde parle presque exclusivement l'anglais ; dans le reste de l'île, c'est un français incroyable, mélange de patois normand, breton et anglais arrangés pour les besoins de l'île. Le plus triste, c'est que deux journaux sont imprimés dans cet idiome, qui sert également et forcément pour les plaidoiries des avocats.

A Jersey comme en Angleterre, on consomme beaucoup
de viande, mais ici on en produit peu ; les Jersiais, comme
les Anglais, aiment la bonne boucherie, et, comme ceux-ci,
ils la viennent chercher en France : mais on croira à peine
dans quelles circonstances se fait cette importation ! Quatre
ou cinq armateurs, propriétaires, chacun, d'une barque pon-
tée, dans la manœuvre de laquelle les aident seuls un matelot et un mousse, partent presque ensemble de Jersey,
lorsque l'approvisionnement en bétail est à peu près épuisé;
ils abordent sur les côtes de France, dans les petits ports de
Dielette, Portbail, Barneville, Granville et quelquefois Cher-
bourg. Ils se rendent aux foires en passant par les fermes
dont ils connaissent les propriétaires, et achètent, souvent à
tout prix, toute espèce de bétail. Mais, disons-le, si ces
hommes sont, en général, de vrais et bons marins, ils sont
loin, pour la plupart, d'être habiles commerçants, et les
Normands exploitent avec empressement leur inexpérience
et leur position. La présence des Jersiais sur un champ de
foire, de même que leur absence, amènent, dans les prix du
bétail, de notables variations. Leur fourniture terminée, tous
retournent à peu près ensemble à Saint-Hélier ; chacun
fournit sa clientèle de boucherie, et, les provisions à peu près
consommées, se remettra en route.

Ces préliminaires posés, il sera temps d'aborder la culture
proprement dite de notre île.

Les terres devaient acquérir une immense valeur dans
cette île restreinte, où tant de faveurs attirent et retiennent
une population de 44,000 âmes ; aussi, dans les environs de
Saint-Hélier et Saint-Aubin, certaines parcelles de terres se
louent-elles au prix de 500 et même 700 fr. l'hectare. Les
plus grandes fermes, au nombre de douze ou quinze au plus,
se composent de 15 à 20 hectares seulement.

L'une de celles-ci, celle de Bellevue, appartient au colonel Lecouteur, nom bien connu des cultivateurs français
par ses travaux spéciaux sur les diverses variétés de Froments. Un des premiers de tous ses voisins, il a donné l'im-

pulsion à la culture jersiaise par ses conseils et son exemple.
Depuis une quinzaine d'années, retenu par sa position sociale et ses devoirs de colonel de la milice, il a dû aban-
donner la culture de sa ferme située au-dessus de la baie de
Saint-Aubin, souvent comparée, en petit, à celle de Naples.
Cette exploitation, formée de 12 hectares seulement, a été
affermée à raison de 65 fr. la vergée, soit 325 fr. l'hectare;
elle est presque entièrement cultivée à la bêche, travail pour
lequel on préfère généralement, dans l'île, les Normands et
les Bretons aux indigènes. Quoiqu'il ait affermé, M. Lecouteur dirige encore un peu sa culture : il a obtenu par hybri-
dation un Froment qu'il nomme *Blé de Bellevue*, et dont il
a obtenu jusqu'à 55 hectolitres par hectare; il cultive aussi
les variétés connues sous le nom de Blé blanc de Jersey et de
Blé goutte-d'or. Nous avons vu, sur sa ferme, des prairies
hautes, semées de quinze variétés différentes de plantes, devant successivement fournir au pâturage du bétail ; un pâturage semé de Trèfle blanc et de Ray-Grass pour les moutons; des récoltes de Froment, d'Orge, de Betteraves, de
Carottes, de Pommes de terre, etc. Il nous a dit qu'aux environs de Saint-Aubin les terres s'affermaient, suivant leurs
qualités, de 50 à 72 fr. la vergée, soit 250 fr. à 360 fr. par
hectare.

Sur ces 12 hectares de terre sont nourris trois chevaux,
six vaches et quatre à cinq porcs, ensemble l'équivalent de
dix têtes de gros bétail. Ajoutons qu'on fait grand usage du
Warech, appliqué vert sur les récoltes, au printemps ou à
l'automne.

M. L....., propriétaire près de Saint-Ouen, est un propriétaire aisé, parlant assez mal le français, et qui s'est fait
une économie rurale particulière, dirigée par une singulière
théorie qui lui appartient en propre. Son cottage est char-
mant de confort; le jardin, les serres, les appartements sont
coquets, de bon goût et bien soignés. Il cultive 20 hectares,
dont la valeur locative serait de 350 fr., selon lui.

Voici l'assolement qu'il nous a affirmé suivre :

1ʳᵉ année, Pommes de terre avec demi-fumure ;

2ᵉ — Froment avec demi-fumure;

3ᵉ. — Vesces d'hiver et Trèfle incarnat mélangés, puis Navets dérobés ;

4ᵉ — Betteraves et Rutabagas fumés et repiqués ;

5ᵉ — Orge ou Avoine ;

6ᵉ — Froment avec Trèfle, semé moitié au printemps et moitié après la moisson ;

7ᵉ à 10ᵉ pâturage fauché la septième année, pâturé jusqu'à la dixième.

Je ne sais si M. L..... a bien calculé, ni surtout s'il suit exactement cette assez bizarre rotation. Les Froments que j'ai vus sont très-beaux et très-propres; ils lui donnent, en moyenne, 550 kilog. de grains à la vergée, soit environ 40 hectol. à l'hectare. Ses Betteraves sont semées et repiquées à deux époques différentes : les premières, sur couche, en février, afin d'en donner aux vaches en août; les autres, sur place, en mai, pour la consommation hivernale. Elles étaient atteintes, les unes comme les autres, de la frisolée ; un grand nombre montaient, et beaucoup avaient manqué soit au semis, soit au repiquage. Voici comment M. L..... fait ses semis sur place : il sème à la volée ; le long d'un cordeau tendu, il fait passer, traîné par un cheval, un rouleau en fonte de 0ᵐ,45 environ de longueur et de 0ᵐ,33 de diamètre, auquel est postérieurement fixé un soc horizontal de ratissoire. Cet instrument, qui bine et met en lignes à la fois, serait, avec grand avantage, remplacé par le semis en lignes et l'emploi de la houe à cheval.

M. L..... entretient sur ses 20 hectares douze vaches qui, la moitié du jour, pâturent sur les herbages frais, puis sont conduites, le soir, sur les pâturages élevés; douze moutons de race dishley, mis jour et nuit au pâturage au piquet, et dont le propriétaire ne connaissait pas la race; quatre magnifiques chevaux de culture et six porcs anglo-chinois; soit environ l'équivalent de dix-neuf têtes de gros bétail. Là, comme dans toute l'île, j'ai vu les ustensiles de transport,

voitures et harnais parfaitement en ordre, solidement et éco-
nomiquement construits. Le même véhicule, par un simple
changement d'échelles et de ridelles, sert à conduire les
terres, les fumiers, les gerbes et les foins. Les voitures sont
presque toutes à essieu coudé, ce qui place la caisse très-
bas. Les échelles de devant, pour les fourrages, sont re-
courbées et avancent jusqu'au-dessus de la tête du cheval ;
celles de derrière sont moins renversées : les ridelles sont
courbées aussi, afin d'augmenter au-dessus du moyeu la
largeur du chargement. Les dossières du harnais sont composées d'un large coussin rembourré de crin et surmonté
d'un panneau plat sur lequel, dans la rainure du bois, glisse
pour dossière une chaîne en fer qui se relie aux limons. Les
colliers, toujours huilés, n'ont point d'attelles et sont très-
légers.

Le général Touzel, qui demeure dans l'un des faubourgs
mêmes de Saint-Hélier, s'occupe beaucoup d'agriculture et
d'horticulture ; il possède 6 hectares de terre sur lesquels il
nourrit cinq vaches, quatre chevaux et trois porcs. Il cultive
le Blé blanc de Jersey sur façons données à la bêche, dont
chacune lui coûte 80 fr. par hectare. Il fait semer en lignes
à la main et biner entre ces lignes. Ses Froments sont magnifiques, et il les estimait devoir rendre, cette année, 48 hectolitres par hectare. Ses cultures de Panais sont fort belles
aussi ; tout cela se fait après défoncement à la bêche. Les
Carottes paraissent moins bien réussir chez lui, du moins
elles avaient manqué cette année ; les Betteraves, non plus,
n'avaient rien de remarquable. Mais j'ai vu de magnifiques
Choux quintal, des petits Pois, des Rutabagas, de la Luzerne
arborescente, du Trèfle hybride vivace (*Allsike perennial
Clover*) qui a fort bien réussi à Martinvast, mais qui est aussi
exigeant sur le sol que la Luzerne, et fournit moins abon-
damment à la coupe. Les luzernières du général Touzel sont
hautes et bien garnies ; elles durent environ dix ans. Le
7 août, il en était à la troisième coupe. Quoique manquant
un peu de calcaire, le sol a été amené à l'état de pouvoir

produire le Sainfoin ; celui que j'ai vu, semé l'année précédente, était très-clair. Le général prétend qu'il épaissira ; et,
en effet, il m'a montré un Sainfoin magnifique de sept ans,
et qui, m'a assuré un Français, de ses ouvriers, n'était d'a-
bord pas plus garni que celui que je venais de voir. Les
Pommes de terre étaient atteintes de la maladie, chez lui
comme dans toute l'île ; il faisait arracher, à la main, les
tiges aussitôt que fanées, puis passer sur les lignes un rouleau pour resserrer la terre. Il prétendait qu'ainsi la maladie des tiges ne se communiquerait point aux tubercules.
J'ai su, depuis, que chez lui comme à Martinvast, où la
même expérience fut faite, la tentative fut sans succès.

Que si, maintenant, nous étudions la culture de l'île en
général, il nous restera à dire que le sol, comme on peut s'y
attendre, est très-morcelé, grâce à la coutume normande
encore en vigueur, et qui règle un partage égal entre tous
les enfants, et qu'on n'y voit aucune parcelle inculte. Un
assez grand nombre de champs en culture sont bordés de
plantations de Pommiers, mais en bordures seulement, et
rarement, comme en Normandie, en plein champ. La des-
truction des mauvaises herbes, le long des chemins, des
fossés ou des haies, est poursuivie avec soin. Aucun engrais
ne se trouve perdu sur les routes, véritables allées de parc.
Rien, du reste, de plus pittoresque qu'un voyage à travers
les diverses directions de ce petit pays de *cocagne* : vous y
retrouverez l'Italie à Saint-Aubin, la Suisse dans la vallée
de Saint-Pierre, l'Angleterre partout, la France nulle part ;
vous êtes aussi bien dépaysé qu'en Turquie ou en Grèce, et
fort peu disposé à vous en plaindre.

Après les cultures, le bétail. Disons d'abord que l'introduction, à Jersey, de taureaux ou vaches pour la reproduc-
tion est formellement interdite, dans le but de conserver la
race pure. Par une loi de 1789, ce délit est puni de 200 fr.
d'amende, de la confiscation et de l'abatage immédiat de
l'animal, de la confiscation du bâtiment de transport et du
palan de déchargement ; enfin d'une autre amende de 50 fr.

par matelot de bord. Mais ce délit ne s'est que bien rarement présenté, et on le concevra quand on saura le prix qu'atteignent les animaux de la race jersiaise. Une petite génisse de cinq mois, que nous avons vue chez M. L....., était estimée 400 fr.; une autre génisse de même âge, chez le général Touzel, était payée 240 fr. J'ai vu un taureau de dix-huit mois, qui venait d'obtenir le second prix au concours général de l'île, vendu pour l'Angleterre au prix de 750 fr. Voici quelques renseignements plus particuliers encore sur quatre vaches, dont nous avons pu mesurer les proportions :

Taille au garrot.......	$1^m,22$	$1^m,20$	$1^m,23$	$1^m,17$
Circonf. thor. oblique..	1 ,82	1 ,58	1 ,73	1 ,90
Circonf. abdominale....	2 ,22	1 ,94	2 ,23	2 ,20
Longueur à l'épaule...	1 ,50	1 ,40	1 ,45	1 ,40
Longueur du bassin...	0 ,47	0 ,40	0 ,47	0 ,50
Largeur du bassin....	0 ,43	0 ,40	0 ,44	0 ,48
Circonférence du canon.	0 ,15	0 ,14	0 ,16	0 ,16
Longueur du flanc.....	0 ,20	0 ,27	0 ,28	0 ,30

Le n° 1 est une vache de la race de Jersey, âgée de deux ans et demi, appartenant au colonel Lecouteur; sa robe est pie froment fauve; elle donne 14 livres anglaises (6 kilogr. environ) de beurre par semaine.

Le n° 2, de race jersiaise, est une vache de deux ans, appartenant à M. L....., et qui, à son premier vêlage, donnait 12 litres de lait; sa valeur était estimée à 600 fr.

Le n° 3, de même race et appartenant au même propriétaire, vache âgée de dix ans, donnait 5 kilog. de beurre par semaine. M. L..... ne l'aurait pas vendue, disait-il, pour 750 fr. Ceci pourrait bien être, cependant, une exagération de la vanité britannique.

Enfin le n° 4, de la race de Guernesey, appartient au colonel Lecouteur; son pelage est pie froment vif; sa tête est la tête normande, plus lourde que dans la race jersiaise; les membres sont un peu moins fins, et les formes moins saillantes. Celle-ci donnait 6 kilogr. de beurre par semaine.

Chez le général Touzel, trois vaches étaient estimées par lui de 5 à 600 fr. chacune.

Quant à l'origine de la race de Jersey, on peut la faire remonter, avec certitude, à la race bretonne, dont elle n'est qu'une bien légère modification par le sol, le climat et les soins. Pour celle de l'île de Guernesey, elle peut être, avec la même probabilité, rapportée à la race de la Normandie, dont elle confine les côtes, et dont elle se rapproche par le pelage et les formes. M. le colonel Lecouteur assure que l'introduction, en Angleterre, de la race de Jersey, par un de ses ancêtres, fut l'origine de la race du Ayrshire, et ce fait paraît fort croyable d'après la similitude complète qui existe entre les deux races. L'espèce chevaline de l'île appartient à la race bretonne plus ou moins pure, de robe le plus souvent gris pommelé, quelquefois noire, rarement baie. Les porcs sont de la race tonquine, leicester ou bien normande, ou encore croisés des deux premières races avec la dernière.

On sait que Jersey appartient à l'Angleterre depuis le règne de Henri Ier (1100). Les Français ont fait, depuis lors, et notamment en 1661, de vaines tentatives pour la recouvrer.

ÉTAT PRÉSENT

DE L'AGRICULTURE ET DU BÉTAIL

EN FRANCE.

Présenter un tableau complet de l'état de l'agriculture française serait, à coup sûr, un travail attrayant et utile, mais long, difficile, et qui sortirait des limites que nous avons dû nous imposer. Pour cela, il faudrait prendre l'ancienne division territoriale en provinces et subdivisions, qui toutes avaient leur raison d'être, et que, malheureusement, des nécessités politiques ont fait remplacer par la division en départements, mais toujours rigoureusement tracés dans les anciennes provinces.

Commencé par les ordres de l'administration, ce travail paraît avoir été abandonné, et sous plusieurs rapports on doit le regretter ; les voyages agronomiques d'Arthur Young et de Lullin de Châteauvieux sont trop vieillis déjà, et depuis leur publication la France a fait d'immenses et incontestables progrès. L'Angleterre s'en est préoccupée plus que nous, et en 1851 le journal *le Times* envoya en France l'un de ses principaux rédacteurs pour faire une enquête sur la culture de nos principales régions. On peut s'étonner que ce remarquable travail, reproduit par le *Farmer's Magazine*, n'ait point encore été traduit dans notre langue ; il serait curieux de voir ceux qu'on nous donne pour maîtres ès cultures juger nos ressources, nos tendances et nos progrès.

Non moins favorisée, sous tous les rapports, que l'Angleterre sa rivale, la France présente sur elle cet avantage, qu'elle offre à peu près tous les climats, depuis la Provence et les productions de l'Italie jusqu'à la Normandie et les pâturages de l'Écosse ; depuis l'Auvergne et les pacages alpestres jusqu'à la Flandre et les cultures commerciales. Le sol n'offre pas moins de variété : les riches loams du Nord, les argiles du Poitou ; les calcaires de la Champagne, les sables granitiques du Limousin ; les tourbes de l'embouchure de la Loire. Toutes ces cultures y trouvent leur place : l'Olivier, le Maïs, la Vigne, les céréales, la Garance, le Safran, les bois, les pâturages d'embouche et de montagnes. Tous les systèmes y présentent leur type : pastoral pur vers les Alpes et dans une partie de l'Auvergne ; pastoral mixte en Normandie ; pastoral mixte perfectionné dans le Charollais, une partie de la Normandie, du Poitou et du Limousin ; biennal dans la majeure partie de la Flandre, de l'Alsace et de la Gascogne ; triennal dans la Beauce et le Berry ; triennal perfectionné et alterne dans les contrées les plus avancées de toutes les provinces.

Favorable sous certains points de vue, cette situation ex-

7

ceptionnelle constitue , en grande partie , la cause de notre
infériorité vis-à-vis de plusieurs autres nations, et notamment de l'Angleterre ; notre sol convient moins que le sien ,
en général, à la production des fourrages auxquels manquent
les brouillards de la mer, et souvent les pluies et les rosées.
Le Turneps, qui fait la richesse de la Grande-Bretagne , ne
peut être considéré par nous que comme une ressource
aléatoire, et la Betterave ne lui est qu'une succédanée bien
moins économique. Enfin des circonstances de religion et
de mœurs ont beaucoup moins porté chez nous vers le per-
fectionnement et la multiplication du bétail de boucherie.
Nous avons indiqué ailleurs (1) quelques-uns des progrès
accomplis, quelques-unes des tendances nouvelles, et nous
avons cherché à prouver que la France, autrefois supérieure,
à l'Angleterre, la suivait désormais dans la voie ouverte et
pouvait promptement parvenir à l'égaler.

La superficie cultivable de l'empire français est d'environ
52 millions d'hectares divisés ainsi qu'il suit :

Culture forestière	8,805,000	hectares ;
Vignes, Oliviers, vergers, etc.	3,000,000	—
Culture arable	26,395,000	—
Pâtures et pâturages	6,200,000	—
Terres incultes	5,600,000	—
TOTAL.	50,000,000	hectares ;

soit seulement 23 hectares 50 de prairies et pâturages pour
100 hectares de terres en culture; cette proportion est, dans
les îles Britanniques, de 77 pour 100. La France entretient
le bétail suivant :

Espèce chevaline	2,800,000	têtes ;
— bovine	8,000,000	—
— ovine	32,000,000	—
— porcine	5,000,000	—

(1) *Annales de l'agriculture française*, 5ᵉ série, t. V, p. 92.

soit l'équivalent de 28 têtes 50 de gros bétail pour 100 hectares, au lieu de 49 têtes que nous avons vues exister en Angleterre. Ce bétail produit par année, en somme, 1,089,900,000 kilog. de viande qui, pour une population de 35 millions d'habitants, donnent une consommation moyenne par tête de 31^k,400, à peine la moitié de ce qui se consomme en Angleterre, mais plus qu'en Allemagne, en Belgique, en Hollande et en Autriche, bien plus surtout qu'en Italie et en Espagne.

La population totale de 35,000,000 d'habitants équivaut à 66 habitants 6 par kilomètre carré et comprend 20 millions de cultivateurs, soit 57 pour 100 habitants, proportion beaucoup plus élevée qu'en Angleterre. La France produit, année moyenne, 155 millions d'hectolitres de céréales; elle en exporte, année moyenne, 250,000 et en importe 2 millions, ce qui laisse pour la consommation totale 156,750,000 hectolitres, soit 4 hectol. 55 par habitant. Elle produit 120 millions de kilog. de laine et en importe, en outre, 20 millions de kilog.; elle produit 40 millions d'hectolitres de vin et en exporte 1,500,000 hectolitres; elle importe 15,000 chevaux et exporte un nombre à peu près égal de mulets; elle importe 31,000 têtes de bêtes à cornes et en exporte 17,000; enfin elle introduit 130,000 moutons et en vend 90,000 à l'étranger.

La moyenne et surtout la petite propriété dominent en France; voici comment se divise la propriété du sol :

20,000 grands propriétaires possédant de 200 à 1,000 hectares et plus, 3 millions d'hectares;

400,000 moyens propriétaires possédant de 20 à 200 hectares et plus, 23 millions d'hectares;

4,500,000 petits propriétaires possédant de 0 à 20 hectares et plus, 24 millions d'hectares.

Les provinces les plus riches, la Flandre et l'Alsace surtout, tendent vers un morcellement exagéré qui apporterait à la culture de sérieux obstacles, si l'attention n'était appelée sur ce point. La population de la France, pendant les cinquante

premières années de ce siècle, a augmenté de 8 millions
d'habitants; si cette progression continue, elle devra, dans
un siècle, pourvoir à la nourriture d'un habitant par hectare,
avenir qui doit donner sérieusement à réfléchir! Il est vrai
que, pendant ce dernier siècle, on a conquis à la production
environ 2,400,000 hectares de terres incultes, mais l'extension du réseau des chemins de fer et le développement des
voies de communication, qui en sont les conséquences, se
sont emparés d'au moins 1,500,000 hectares de terres, pour
la plupart en bon état de production, pouvant fournir en
moyenne, par an, 3 millions d'hectolitres de céréales, la consommation de 600,000 habitants. Il est donc urgent d'adopter une culture plus intensive, de multiplier et d'améliorer
notre bétail pour fournir à une consommation sans cesse
croissante par le mouvement ascendant de la population et
les besoins de bien-être matériel qui se développent chaque
jour de plus en plus. C'est la marche irrésistible des choses
et des faits; il vaut mieux devancer ce moment que de nous
laisser surprendre à l'improviste. Déjà, depuis dix ans, la
consommation de la viande s'est augmentée de plus d'un
quart; les famines sont devenues impossibles par le développement des moyens de transport; on consomme plus de Froment, de Maïs et de Seigle, et moins de Sarrasin, d'Orge et
d'Avoine, pour l'alimentation de l'homme; la liberté du commerce des grains, dans un avenir prochain, devra tendre à
maintenir leur prix dans des limites plus régulières; enfin
les connaissances dans l'art de multiplier et d'engraisser le
bétail se sont généralement répandues par les soins de l'administration et l'institution des concours. L'absentéisme des
grands propriétaires, l'éloignement des capitaux de l'industrie agricole au profit des spéculations commerciales et ma-
nufacturières, de l'agiotage surtout, sont des plaies qui nous
restent à guérir et dont peut seule triompher la diffusion
des connaissances agricoles. Somme toute, s'il nous reste
beaucoup à faire, les progrès que nous avons accomplis doivent nous donner la mesure de nos forces et nous encoura-

ger à tendre sans hésitation vers le but bien évident à atteindre. Il faut pourvoir aux besoins du moment et parer à ceux de l'avenir ; désormais, et plus que jamais, l'homme devra être plus fort que la terre, sous peine d'être englouti par elle. Le temps des systèmes extensifs est passé ; ils ne suffisent plus à nourrir une population de 66 habitants par kilomètre carré au moyen de 28 têtes 50 de bétail sur la même superficie. A l'époque à laquelle nous sommes arrivés, une nation ne peut confier la satisfaction de ses besoins de première nécessité au commerce d'importation : ce fut la première cause de décadence de l'empire romain. La France doit, avant tout, chercher sa prospérité dans la fertilisation de son territoire ; Sully et Napoléon y voyaient avec raison la seule source durable de sa puissance.

Le tableau suivant indiquera bien mieux, croyons-nous, la situation agricole de la France que les plus longs commentaires ; nous y avons réuni, par provinces, les chiffres donnés, par la statistique officielle, sur la France départementale.

Anciennes provinces.	Habitants par kilomètre carré.	Équivalent en têtes de gros bétail par kilom. carré.	Contribution foncière par hectare.
Flandre....................	191,12	60,60	6, »
Lyonnais..................	135,45	32,33	3,83
Alsace....................	117,45	44,49	3,62
Artois.	104,48	48,50	4,05
Normandie................	91,42	45,90	5,26
Picardie..................	91,11	42,11	4,39
Bretagne..................	78,83	54,90	2,05
Aveyron...................	72,28	17,57	1,84
Ile-de-France (sans Paris)...	70,89	40,74	4,60
Lorraine..................	69,98	35,77	2,46
Anjou....................	67,64	39,94	3,10
Maine....................	66,04	40,47	3,07
Saintonge.................	65,64	32,62	2,92
Franche-Comté............	60,58	36,23	2,42
Béarn et Navarre..........	60,27	30,72	0,67
Auvergne.................	59,22	34,85	2,14
Provence.................	59,11	20,56	1,92
Foix.	58,40	31,24	1,21
Guienne.	58, »	25,60	2,50

Gascogne................	55,20	27,85	2,33
Bourgogne...............	55,04	29,60	2,32
Limousin................	52,71	32,62	1,40
Champagne..............	52,66	25,44	2,22
Languedoc..............	52,53	20,97	2,08
Touraine................	50,09	26,59	2,02
Poitou..................	48,79	34,48	1,96
Nivernais...............	44,83	26,59	1,66
Orléanais...............	43,77	28,23	1,92
Bourbonnais.............	43,53	31,80	1,78
Manche.................	43,27	33,10	1,23
Roussillon..............	42,17	29,60	1,50
Berry..................	37,25	27,40	1,40
Dauphiné...............	31,49	13,64	1,59
Corse..................	25,32	13,23	0,16
Moyennes........	66,37	32,83	2,46

Il ne faudrait pas pourtant prétendre classer, d'après ce tableau, les différentes provinces dans leur ordre de prospérité agricole : pour cela, il faudrait tenir compte de la population agglomérée dans les grandes villes (Lyon, Bordeaux, Nantes, etc.); du poids du bétail bien moins élevé dans le Sud et dans la Bretagne que dans les provinces septentrionales et centrales. Mais la supériorité du Nord sur le Midi n'en est pas moins évidente, en France aussi bien que pour les différentes contrées de l'Europe, au point de vue de la production des aliments de première nécessité pour l'homme, le pain et la viande. La bière, le cidre, le Lin et le Chanvre, les huiles d'OEillette et de Colza, le sucre, les laines à carder, le laitage, voilà des spécialités du Nord; les vins, les huiles d'Olive, la Garance, les laines à peigne, la soie, telles sont les productions réservées aux contrées méridionales. Partout le bétail est indispensable, ne fût-ce que comme moyen d'entretenir la fécondité du sol; seulement, dans le Nord, il doit être la base de la culture et, dans le Midi, peut-être on pourrait dire qu'il est un mal nécessaire, à moins de circonstances particulières. L'élevage, la production du lait et celle de la viande, l'élevage même y sont bien moins économiques; la colonisation de l'Afrique et celle de l'Océanie vont achever de le déposséder de la production des laines fines.

Quant au bétail de la France, le cadre de ce travail ne nous permet pas d'en faire l'étude (1); mais, si l'on excepte les races de boucherie qui n'ont point encore été perfectionnées chez nous, nous pouvons regarder la France comme aussi riche que n'importe quelle autre nation. Les bœufs de travail de l'Auvergne, du Charollais, du Limousin ; les vaches laitières de la Normandie, de la Flandre, de la Bretagne ; les mérinos de la Beauce, les troupeaux de la Provence et du Berry ; les races chevalines de sang pur du Béarn et de la Navarre, celles de gros trait du Boulonnais et de la Flandre, de trait moyen du Perche et du Poitou, de carrossiers de la Normandie, de trait léger de l'Auvergne, du Limousin et des Ardennes, en sont une preuve suffisante. Les races anglaises nous fournissent des types améliorateurs pour les espèces destinées à la production de la viande ; en les employant avec prudence, nous pouvons améliorer et même transformer, dans ce but, celles de nos races qui présentent les aptitudes les plus décidées, modifier lentement, mais sûrement, l'économie de notre culture dans certaines contrées.

Nous croyons donc qu'on a placé la France trop bas toutes les fois qu'on a comparé sa culture à celle des autres nations et surtout à celle de l'Angleterre. Outre la difficulté de cette appréciation relative, en l'absence fréquente de chiffres officiels, il faut encore tenir un compte moral d'une foule de circonstances particulières non appréciables numériquement (sol, climat, industries, débouchés, mœurs, degré de civilisation, densité de population, etc.), et les peser, eu égard à leur importance proportionnelle, dans un esprit impartial et sans prévention. C'est ce que nous tenterons de faire pour résumer cette longue étude et en tirer une conclusion.

(1) Voir, pour l'espèce bovine, *Annales de l'agriculture française*, 5ᵉ série, t. IV, p. 424-465.

ÉTAT PRÉSENT

DE L'AGRICULTURE ET DU BÉTAIL

DANS LES PRINCIPALES CONTRÉES DE L'EUROPE.

Nous venons d'étudier successivement l'agriculture des principaux États de l'Europe, et nous devons maintenant chercher à comparer entre elles ces diverses contrées pour scruter les causes de leur supériorité ou de leur infériorité relative. Tant de circonstances peuvent influer contradictoirement sur l'industrie agricole d'une nation, que la tâche de classer sous ce rapport les divers États européens serait loin d'être facile.

La densité de la population, celle du bétail par rapport à l'étendue cultivée nous semblent la meilleure base sur laquelle on puisse asseoir un jugement de cette nature, en l'absence de documents statistiques plus positifs, par exemple le produit territorial agricole brut et net. Ce sera donc celle que nous adopterons en y apportant cependant quelques restrictions non appréciables par le calcul matériel.

La densité de la population est évidemment l'un des principaux régulateurs du système de culture à adopter, pastoral, céréale, ou mixte; mais il faut tenir compte aussi de habitudes alimentaires, régies elles-même, en général, par l climat; il faut étudier ensuite comment se décompose cette population, et dans quelles proportions elle est agricole, industrielle, commerçante, artiste, religieuse, aristocratique, militaire et improductive. Ainsi le tableau suivant n'aura de valeur et d'intérêt que si on tient un compte moral de chiffres statistiques qui manquent pour la plupart.

Iles Britanniques.	79	habitants par kilom. carré.
Italie.	70 »	
Allemagne. . . .	68,70	
France.	66,60	
Autriche. . . .	53,80	
Suisse.	52,60	
Prusse.	46,80	
Danemark.. . . .	36,30	
Portugal.	36 »	
Espagne. . . .	33 »	
Hollande. . . .	32,80	
Belgique. . . .	14,45	
Russie.	9,96	

Départem. de la Sarthe. . . .	75,70	habit. par kil. carré.
de la Mayenne. .	70,19	
de l'Oise.	68,47	
de la Haute-Saône.	65,47	
des Hautes-Pyrén.	53,93	
de la Corrèze. . .	52,59	
de l'Aude. . . .	36,74	
de l'Indre. . . .	46,88	
des Landes. . . .	31,48	

La population est ici comparée à la superficie totale du territoire, et le climat est, à cet égard, sans influence : les contrées du nord et celles du midi sont irrégulièrement placées dans cet ordre; l'Italie où l'on se nourrit surtout de légumes et de laitage vient après l'Angleterre où l'on consomme surtout de la viande; le Portugal vient après le Danemark, et la Hollande après l'Espagne. Ce sont des causes économiques et surtout politiques qui déterminent l'afflux ou le départ de la population d'un royaume. Depuis deux siècles et demi, la population de la France a doublé; depuis quatre siècles, celle de l'Espagne ne s'est accrue que d'un tiers. La partie rurale de la population comprend : en Belgique, 70

habitants pour 100 ; en France, 57 pour 100 ; en Angleterre, 21,4 pour 100, et si nous en croyons Porter,
dans ce dernier pays, cette proportion tend à décroître chaque jour ; elle était de 35,4 pour 100 en 1811, de 33 en
1821, de 28 en 1831, de 22 en 1841 ; elle n'est plus, en
1851, que de 21,4. En France, au contraire, dans le mouvement ascensionnel de la population, cette proportion se
maintient, si même elle ne tend à s'élever. Il y a là peut-
être, pour l'Angleterre, une future plaie sociale dont elle ne
semble pas tenir assez de compte.

Plus la population est dense sur un territoire donné et
plus la culture doit être intensive ; plus le climat est froid,
et plus la culture devra produire de céréales et entretenir de
bétail. Les contrées méridionales consomment peu de viande
et beaucoup moins de céréales que celles du Nord ; aussi les
cultures arbustives, le régime pastoral sauvage y sont, avant
tout, en honneur, tandis que les contrées plus tempérées s'a-
donnent à la culture arable et au système pastoral perfectionné, et celles plus septentrionales au système céréale, céréale mixte, et alterne avec cultures commerciales.

La proportion du bétail peut être étudiée de trois points
de vue : 1° par rapport à la superficie cultivée ; 2° par rapport à l'étendue totale ; 3° par rapport à la population humaine. La première est la seule qui puisse fournir une base
raisonnable d'appréciation.

États.	Têtes de gros bétail par 100 hectares de superficie cultivée.	Têtes de gros bétail par 100 hect. de superficie totale.	Têtes de gros bétail par 100 habitants.
Suisse.	92,30	36,50	69,25
Belgique.	91,22	8,26	57 »
Angleterre.	82 »	49 »	62,80
Allemagne.	60,85	50,04	72,52
Hollande.	55,90	52,11	48,90
Autriche.	51,39	31,63	58,59
France.	46,03	28,50	42,83
Suède et Norwége.	39,20	28,45	41,29
Danemark.	36,10	29,45	78,05
Prusse.	36 »	31,90	69 »

Espague.	32,05	13,90	45,60
Portugal.	30,70	19,90	54,12
Italie.	30,50	15 »	21,24

Pour comparer le bétail de deux ou de plusieurs nations, il faudrait pouvoir tenir compte d'une manière un peu exacte du poids même de ce bétail, sous peine d'arriver à des résultats erronés. Ainsi le bétail anglais pèse au moins, en moyenne, un quart par tête plus que les animaux français; le bétail hollandais, pris dans la moyenne des espèces et des races, égale à peu près celui des îles Britanniques. Quant à la Belgique, l'Autriche, la Prusse, la Suisse, l'Allemagne et le Danemark, leur bétail diffère peu, sous ce rapport, de celui de la France, tandis qu'en Suède, en Italie, en Espagne et en Portugal il est inférieur d'un tiers au moins à celui de l'Angleterre. Voici, du reste, pour cette dernière contrée, la progression que ce poids a suivie d'après M. Moreau de Jonnès (Mémoire sur les pâturages de l'Europe) :

	1683.	1700.	1850.
Bœufs et vaches. .	130^k,0	185^k,0	400^k,0
Veaux.	20 ,0	25 ,0	70 ,0
Moutons. . . .	14 ,0	14 ,0	40 ,0
Agneaux. . . .	7 ,5	9 ,0	25 ,0
Porcs.	23 ,0	30 ,0	40 ,0

En France, ces poids ont été estimés pour la conversion du droit par tête, au 1er janvier 1847, à Paris, ainsi qu'il suit :

Bœufs	350^k,0
Vaches. . . .	230 ,0
Veaux. . . .	70 ,0
Moutons . . .	22 ,0
Porcs.. . . .	91 ,400

De 1825 à 1834, le poids moyen des bœufs amenés sur les marchés d'approvisionnement de Paris n'était que de

325 kilog. 150. (Enquête législative sur le commerce de la
boucherie, 1851. Rapport de M. Lanjuinais.) Prenant ces
bases, voici comment on pourrait approximativement recti-
fier le tableau précédent, en tenant compte de ce que nous
avons dit plus haut du poids relatif du bétail des diverses
contrées, comparé à celui des animaux de la France et de
l'Angleterre, et prenant pour poids vif moyen les chiffres
que nous venons d'indiquer pour Londres et Paris. L'Angleterre reprend ainsi le premier rang; la Hollande devient supérieure à l'Allemagne, la Suède descend de deux rangs, et
se place après le Danemark et la Prusse; enfin la France occupe le même rang dans tous les cas.

États.	Poids vif entretenu par hectare cultivé.	Poids vif entretenu par hectare de superficie totale.
Angleterre.	328 kil.	196 kil.
Suisse.	323	127
Belgique.	319	29
Hollande.	223	208
Allemagne.	213	175
Autriche.	180	111
France.	161	99
Danemark.	127	103
Prusse.	126	111
Suède et Norwége. . .	117	85
Espagne	96	42
Portugal.	93	59
Italie.	91	45

S'il est vrai que l'agriculture est la source de la richesse
des nations, il ne l'est pas moins non plus que le bétail est
la source de toute prospérité agricole, et qu'en fin de compte
le territoire qui nourrit le poids le plus élevé de bétail doit
être réputé le mieux cultivé, ou du moins celui dont les habitants savent tirer le meilleur parti de circonstances qui lui
sont particulières. La Suisse avec ses pâturages alpestres,
l'Espagne avec les troupeaux transhumants, tirent un immense avantage de vastes étendues incultes, il est vrai,
mais qui, à certaines époques de l'année, nourrissent de

nombreux troupeaux de vaches, d'élèves, de moutons et de
chèvres. La Hollande et le Danemark possèdent et entretiennent de riches herbages naturels et artificiels; l'Angleterre, au moyen de la culture alterne, nourrit de bien plus
fortes proportions de bétail encore, et la France lui est, à
cet égard, inférieure de moitié. Et, si nous ajoutons que le
bétail anglais est une fois plus précoce que le nôtre, nous
comprendrons qu'il nous reste beaucoup à faire pour égaler
nos rivaux. Mais la production de la viande, les fumures à
restituer au sol par le bétail, ne constituent pas toute la ques-
tion ; le climat offre souvent un obstacle bien difficile, sinon
à vaincre, du moins à tourner. A la fois humide et tempéré
en Angleterre, il favorise, bien plus que le nôtre, la production fourragère, et nous ne devons pas espérer de l'égaler.
jamais sous ce rapport, si ce n'est dans nos départements
septentrionaux. Nous possédons, d'un autre côté, d'autres
ressources presque équivalentes dans la richesse de notre
sol et son aptitude spéciale pour certains produits.

Donc, au point de vue de la fertilité du territoire, la nation qui entretient la plus forte proportion de bétail est, à
coup sûr, dans la meilleure voie; la production animale est
celle qui rend le plus au sol en proportion de ce qu'elle lui
a enlevé; celle des produits végétaux pour la consommation
de l'homme et les besoins de l'industrie lui enlève souvent
beaucoup plus qu'elle ne lui rend, et tend plutôt à l'appauvrir qu'elle ne contribue à sa prospérité. Il serait faux de
répliquer qu'avec les richesses qu'elle tire de ces produits
l'agriculture se procure des engrais extérieurs, parce que
ceux-ci, propres surtout à mettre en œuvre une fécondité la-
tente et accumulée de vieille date dans le sol, sont presque
toujours imprudemment appliqués à la production des plantes industrielles et des céréales, et rarement à celle des fourrages. C'est ainsi qu'au point de vue purement agricole la
culture de la Vigne serait une industrie ruineuse pour un
pays, et celle des forêts, au contraire, améliorante avant
tout, devrait être étendue et protégée.

Mais soyons de notre temps, et ne nous faisons pas exclusifs. Une nation purement livrée à l'industrie agricole ne
saurait exister aujourd'hui; l'industrie manufacturière et le
commerce sont de non moins impérieuses nécessités, et des
conditions non moins sérieuses de prospérité; et la nation la
plus riche et la plus prospère est à coup sûr celle qui, eu
égard aux lois géographiques et politiques qui la régissent,
sait accorder une protection équitable à l'agriculture, à l'industrie et au commerce, de manière à développer, dans une
juste proportion économique, la production, la mise en œuvre et le trafic de ses produits. A la tête de celles qui ont su
combiner, dans de justes mesures, leurs forces productives,
il faut évidemment placer l'Angleterre, dont la politique habile semble tendre exclusivement à asseoir sur de larges
bases chacune des trois industries premières.

La France semble avoir marché, jusqu'au commencement
de ce siècle, sans ligne déterminée, vers un but non claire-
ment défini; l'industrie manufacturière et le commerce ont
tour à tour, et bien plus que l'agriculture, séduit ses divers
gouvernements, qui prétendaient que l'industrie du sol n'a-
vait point besoin de protection, et que c'était, d'ailleurs, l'encourager elle-même que de favoriser les manufactures met-
teuses en œuvre de ses produits, et le commerce, qui leur
cherche des débouchés, et lui rend en échange les matières
premières de la production. Depuis cinquante ans, les études économiques ont influé puissamment sur la direction
donnée à la politique intérieure. Sans cesser de protéger les
manufactures et le commerce, on a compris la flagrante nécessité d'encourager l'agriculture, et plus nous avançons et
plus cette sage tendance devient manifeste. Aussi les progrès
accomplis sont-ils immenses, et, sur quelques points, merveilleux. L'exemple de l'Angleterre n'a pas peu contribué, il
faut le dire aussi, à ces améliorations, et, tenant compte de la
disparité des influences économiques, on peut dire que la
France suivra désormais de près sa rivale.

Chacune des contrées que nous avons étudiées suit un

système de culture régi par des influences économiques et politiques particulières; avec les besoins de l'époque, de la civilisation, de la population, ces systèmes devront se modifier, pour rester en harmonie avec ces besoins mêmes. Il nous a donc semblé assez curieux de constater l'état actuel de l'agriculture dans les principales contrées de l'Europe dont plusieurs, nous l'avons vu, paraissent bien en retard pour la transformation de leurs systèmes agricoles et devraient, à leur tour, prendre la France pour modèle.

FIN.

TABLE.

PARIS. — IMP. DE Mᵐᵉ Vᵉ BOUCHARD-HUZARD, RUE DE L'ÉPERON, 5. — 1859.

www.ingramcontent.com/pod-product-compliance
Lightning Source LLC
Chambersburg PA
CBHW071206200326
41519CB00018B/5387